[职场生死线]

商界传媒 ◎编著

图书在版编目（CIP）数据

职场生死线 / 商界传媒编著 . —北京：北京大学出版社，2014.1
ISBN 978-7-301-23280-4

Ⅰ.①职… Ⅱ.①商… Ⅲ.①成功心理 – 通俗读物 Ⅳ.①B848.4-49

中国版本图书馆 CIP 数据核字（2013）第 233158 号

书　　　名：职场生死线
著作责任者：商界传媒　编著
责 任 编 辑：刘　维　王业云
标 准 书 号：ISBN 978-7-301-23280-4/F・3768
出 版 发 行：北京大学出版社
地　　　址：北京市海淀区成府路205号　100871
网　　　址：http://www.pup.cn　　新浪官方微博：@北京大学出版社
电 子 信 箱：rz82632355@163.com
电　　　话：邮购部 62752015　　发行部 62750672
　　　　　　编辑部 82632355　　出版部 62754962
印　刷　者：北京天宇万达印刷有限公司
经　销　者：新华书店
　　　　　　787毫米×1092毫米　16开本　17印张　222千字
　　　　　　2014年1月第1版　　2014年1月第1次印刷
定　　　价：42.00元

未经许可，不得以任何方式复制或抄袭本书之部分或全部内容。
版权所有，侵权必究
举报电话：010-62752024　电子信箱：fd@pup.pku.edu.cn

序言

"中国式"职场的生存法则

文 / 吴晓波 财经作家,"蓝狮子"财经图书出版人

> 创业者的绝对权威在很多时候是不容被触犯的"隐秘红线",很多职业经理人的黯然离去,多半缘于此中原因。职业经理人要做的第一件事就是把握好"位"的关系:不越位、不错位、不缺位,让创业者放心:我不是来跟你争权的,我是来帮你的。

本书实际是在讲两个人群的博弈关系。一个是老板,一个是经理人。而本书的目标读者应该是后者,因为通常都是经理人要去揣摩老板的心理,而非相反。

要去谈这两个人群的关系,就需要看一下他们的起源和由来。

老板的由来无须赘言,但凡经商创业,无论贩夫走卒,引车卖浆,皆可称为"老板"。中国人向来喜欢做老板,信奉"宁为鸡头,不为牛后",因此"老板意识"颇为浓重。而"经理人阶层"在中国商业史上第一次出现,是在宋代。

《夷坚志》记载了这样一个故事:枣阳(今湖北省枣阳市)有一个叫申师孟的人,以善于经商而闻名江湖,住在临安的大富商裴氏三顾茅庐把他请来,交给他本钱十万贯,任由他经营投资。三年后,本钱翻了一番,申师孟就把钱押送到裴家,又过几年,连本带利增加到了三十万贯。后来,裴老爷子去

世了，申师孟赶到临安吊丧，将其所委托的资本全数交回，老裴的儿子把其中的十分之三分给了申师孟，大约是白银二万两。

在宋人笔记中，申师孟这样的人物被称为"干人"，这便是当时的"职业经理人"。作为史上第一位有名有姓的职业经理人，申师孟身上体现了一些非常基本的素质——善于经营、恪守本职、忠于承诺。

而现代意义上的职业经理人，最早出现在大洋彼岸的美国。1841年10月15日，美国马萨诸塞州的铁路上发生了一起两列客车迎头相撞的事故，举国震惊。社会民众一致认为铁路企业的业主不具备管理好这种现代企业的能力。在州议会的推动下，铁路企业对企业管理制度进行了改革，选择有管理才能的人来担任管理者，业主享有所有权，而将管理权拱手让出。世界上第一个现代意义的经理人由此诞生。

之后，随着美国经济的迅猛发展和企业的不断成熟壮大，经理人阶层也逐步走向成熟独立。到20世纪60年代末，80%以上的美国企业都聘请了职业经理人，而职业经理人阶层也不辱使命，为美国企业的崛起做出了卓越的贡献。到今天，美国的经理人享有的名誉和地位完全不亚于公司的创始人，如微软的史蒂夫·鲍尔默、谷歌的埃里克·施密特，便是其中的佼佼者。

而中国当代经理人阶层则是近三十年才诞生的。1978年改革开放后的十余年，中国企业仍在为建立产权清晰的现代企业制度而努力，到1994年《公司法》的正式实施，才为经理人的职业化提供了法律依据。此后，中国的职业经理人大批涌现。这其中，在华外资企业的催生作用"功不可没"。而在2001年中国加入WTO后，大量外资企业抢滩中国市场，为了应对日趋激烈的竞争，本土企业开始重视引入职业经理人团队。这期间，创业者与经理人之间的磨合阵痛在所难免、屡见不鲜，成为这十年间中国公司特有的现象。

也是在这一过程中，创业者与经理人的天然矛盾让企业界和学界开始思考如何使用职业经理人的问题。

企业发展到一定阶段，必须借助职业经理人的力量，这已成为共识。借助经理人对企业进行规范化的管理，创业者得以专注于战略或产品方面的工作，这往往是一举两得的好事。在美国，这样的例子比比皆是。而在中国，目前仍然处在创业者占据主导的阶段，经理人虽已逐渐成为一股不容忽视的力量，但远没有强大到可以与创业者"分庭抗礼"的地步。创业者的绝对权威在很多时候是不容被触犯的"隐秘红线"，很多职业经理人的黯然离去，多半缘于此中原因。毕竟，中国企业与西方企业不同，中国特有的老板文化、特殊的企业发展路径，以及远未公平开放的市场环境，都决定了中国企业在引入和使用职业经理人时，有其特殊性。

而在中国本土企业中做经理人的特殊性，很大程度就是要考虑到老板的心理底线。我想，本书的价值，便是就"特殊性"对经理人阶层进行的善意提醒。

归纳如下：

第一，清楚自己的位置。在中国企业中，特别是民企，哪怕给你再多的权力，最重要的决策人还是老板自己，他才有最终审批权。这有点像中国的传统政治，集权式管理，但这是实实在在的事实。职业经理人要做的第一件事就是把握好"位"的关系：不越位、不错位、不缺位，让创业者放心：我不是来跟你争权的，我是来帮你的。

第二，要坚持与老板沟通。创业者与经理人天然存在矛盾，若经理人只抱着"打工心态"，做一天和尚撞一天钟，老板自然不会重用你。因此，经理人要善于与老板沟通，当沟通成为习惯后，很多问题便不再是问题了。

第三，注意做事的方法。中国企业很多时候，情感力量甚于制度力量，人情世故不可不顾。我们可以看到，空降的职业经理人几无成功的案例，失败的原因就在于，他们总想改变现有的企业文化，殊不知牵一发动全身，稍不慎便触及老板的底线。

同时，本书站在另一个角度，对老板（创业者）也给出了规劝，如果希望自己的企业能够比自己存在得更久，老板需要有"舍、让"的胸怀和气质，尽可能早地推进职业经理人加入公司管理的进程。中国经理人阶层的成长缓慢，很大原因是创业者的控制欲太强，不肯放权。美国管理咨询公司Hay（合益）集团的中国区总裁陈玮就曾经这样评点：中国职业经理人阶层的不成熟，是由中国企业家现有的主流类型决定的。企业家是狮子，就不可能产生职业经理人。

未来中国公司的成长，势必依赖于一个成熟经理人阶层的出现和壮大。从"老板时代"过渡到"经理人时代"，或许才是中国商业成熟的标志。作为中国公司的关注者，我期待那一天的早日到来。

序言

良心比一切制度和科学都好

文 / 曾仕强 "中国式管理"首倡者，台湾交通大学教授

在西方，老板和员工之间，完全是契约行为，一切按合同办理，无所谓人情。而在中国，老板则要花费相当多的时间，来估计、测试以求证自己在员工，特别是在干部心中究竟占什么样的位置，以确定合适的底线，防患于未然。

一样是当老板，中外是不相同的。中国老板的潜在心理底线，说出来洋人未必了解。主要原因，在于中华文化是人本位，而西洋文化则是神本位。

人本位的首要条件，在于活在大家的心中，得人心者昌。老板不得部属的人心，再怎么看也不像老板。诸葛孔明七擒七纵孟获，终于得到孟获的真心。他即使不是孟获的老板，孟获有生之年也必然把他当作老板。刘备年过半百，仍然不成气候，但是曹操一直把他当作对手看待，甚至说出"天下英雄唯使君与操耳"这样的话来。因为刘备能识人、用人、容人与救人，让曹操不得不刮目相看。

神本位的重点，则放在上帝那边，大家相信"信我者得永生"这样的话，彼此都是上帝的子女，只要通过上帝那一关，不必在乎别人的感觉，谁能够让员工赚更多的钱，谁就是好老板。孔明如果是西洋人，擒到孟获不斩，至少也要判他的刑，把占领的地方当作殖民地，严加治理。不可能七擒七纵，好像玩把戏一样。老板和员工之间，完全是契约行为，一切按规定办理，没有什么关心关怀的关系。

良心有了，什么都有了

组织的成员是人，而人的意识最不安定，经常处于不满足的状态，很容易引发多种意想不到的破坏行为。

《尚书》是我国古代的公文，从尧舜开始收集。中国的司法鼻祖皋陶留下了一首歌，大意是：元首若是专管琐务忽略大事，大臣们就懈怠，一切事业都荒废了。孔子和老子，也都主张无为而治。因为老板管太多，干部就算有能力，也难以发挥，处处订立章程，怎么能够放手去做？现代干部更时常抱怨，老板最大的功能，似乎是如何想尽办法证明干部都是白痴。可见老板不放手，最吃亏的还是老板自己。要放手，就需要"关心"，意思是把干部的心关起来，使他们跑不掉，也不敢乱来。

儒家有著名的"十六字心传"："人心惟危，道心惟微，惟精惟一，允执厥中。"意思是组织的成员是人，而人的意识最不安定。人的心思，早晚不相同，经常处于不满足的状态，很容易引发多种意想不到的破坏行为。大家都要求公平合理，固然是人同此心，心同此理。但是"道心惟微"，宇宙的真理十分微妙，往往公说公有理，婆说婆有理。

我们一方面肯定良心的重要，却又常常怀疑它的力量有多大。由于人心十分险恶，所以防人之心不可无；良心又似乎不可或缺，所以害人之心不可有。在这有与无之间，最好的办法，只有不断细心观察，加上精密地研究，把结果归纳统一起来，做出正确的判断。西洋人所认识的心，讲求"道心"和"人心"的区别。一般的心为人心，彼此哀乐相通、痛痒相切的心称之为道心。圣经说："以上帝的心来爱父母和兄弟。"人的心只能与上帝相通，而不能与旁人相通。

道心可以说就是凭良心，只要凭良心行事，道心便出现了。当今世界，宗教信仰日益淡薄，法律效能也日益消退。儒家的心教，正好应运而隆盛。心理学证

序言

明：人的思想、言论和行动，都由心所决定。而其成败，则基于信心是否坚定。如果心思端正，态度坚定，大致都能够顺利完成任务。所以中国老板，大多重视抓心、带心和关心，以期员工能够自愿交心，用心又费心地做好工作。

人只要不凭良心，什么制度、道德、法律、宗教等，都拿他一点办法没有。相反，只要凭良心，便什么都有了。所以，如何促使员工自动自发地凭良心做事做人，应该是老板最为关注的课题，而不是市场、技术、开发、财务、创新等枝枝节节的事。

我们在制度化管理之上，另外增加了"你心中有我，我心中有你"的情分，以资获利。彼此之间也结上了永远还不完的人情债。中国老板，大多明白以良心对待良心的道理。将良心比良心，设身处地站在员工的立场上多想想，效果远比一切规章制度、科学管理的绩效来得都好。

把老板放进心里

这种西洋人永远也无法理解的关系，使老板获得了金钱、法律、宗教之外的多一层保障，可以减少很多风险。当然，相对也增加了很多西洋人难以想象，也无法应对的麻烦。

所以，中国老板们愿意花费相当多的时间，来估计测试以求证自己在员工，特别是在干部心中究竟占什么样的位置；而一旦发现他们心中居然没有老板的存在，或者位置没有那么重要时，便会兴起玉石俱焚的决心——即使把公司搞垮，也容不下这样的窝囊废。再好的干部，一旦被老板发现心目中没有老板时，斩杀功臣的悲剧便立即上演。

公司经营失败，通常有很多原因，堆积在一起，才产生这么大的破坏力。然而就老板而言，归纳起来，只有两个原因：一是自己的良心出了问题，不凭良心致使自己坐牢或败事；二是别人的良心出了问题，不凭良心地另起炉灶，居然和老板对着干，偷窃重大机密或出卖秘方给对手，拿老板的薪资卖别家公司的货品，采购拿回扣，销售以多报少。但把两个原因合在一起看，只有一个：那就是良心的力量，可兴可败。

老板不相信良心，质疑良心在哪里，又贬低良心值几个钱，到头来只能是兵败如山倒，再后悔也无可挽回！老板自己凭良心还不够，必须真诚感动，让同人都能凭良心。

借由凭良心的员工，真诚感动供货商、经销商和顾客，乃至社会大众。大家凭良心，社会和谐有秩序，老板才能安心地无为而治。钱穆教授曾说，中国如果有宗教，必然是良心教。

老板最关心的，莫过于事业的成败兴亡。而事业的成败兴亡，老板要负起70%的责任，而其关键点，在于老板能不能在员工心目当中占据重要的位置。

我们可以这样说，子女心目中有父母，就不敢为非作歹。做任何事情，都会事先想一想，会不会丢父母的脸面。以此约束自己，就会有很多事都比较收敛。子女心中没有父母，爱怎么做都无须顾及父母的感受。于是"只要我喜欢，有什么不可以？"甚至于父母的劝告和阻止都没有效果。这让人情何以堪呢？

西洋人不必为公司尽忠，也不必为老板尽忠。他们认为这种观念不但落伍，而且不合情理，他们心目当中，没有公司的存在，没有老板的分量，只有权利与义务的合同观念。他们的事业和敬业精神，表现在对自己工作的忠诚，因而信奉拿多少钱，就做多少事。他们没有多少誓死追随提携自己的上司的固定观念，随时准备跳槽，认为在同一家公司濒临倒闭或没有升职加薪的机会时，就应当另谋出路。而西洋人的老板也是同样如此，他择人并不在乎其心中有无尽忠的观念，有无对老板俯首帖耳的谦卑之心，他只关心所雇佣的员工有没有能力，能否胜任公司的艰巨任务。如果你能顺利完成工作，哪怕道德良心无存，也并不妨碍你提职加薪；如若能力匮乏，只好请你另谋出路，老板不会顾念旧情认为你没有功劳也有苦劳。一切都是程式化规定化的，做不好便结账走人。一切按照公司明文规定的合同办理，不理会人情。

但中国老板若是采取这种西洋式的心态，很快就会"坏人留下来，好人跑光光"，一旦遭遇风吹草动，就会众叛亲离而剩下孤家寡人，哭天喊地也没有用。

公司里的"道魔竞赛"

成功的老板，和刘备一样。有正当的号召力，目标正大光明，能将志同道合的好汉聚集一堂。然而事业愈做愈大的时候，难逃"权力使人腐化"的厄运。绝对权力必然造成绝对腐化。刘禅自以为是而不听忠言，因私废公而坚持先伐吴再伐魏，很快就造成蜀汉的灭亡。

任何公司，随时都在进行"道魔竞赛"，也就是君子与小人的竞争。

公司里面的小人与君子，伺机待动，完全看老板的心态，各显神通。老板以道心对待员工，小人也要暂时伪装成君子，若是日久养成习惯，也就真的变成了君子。老板以魔心对待员工，小人得意而君子消沉，是必然的结果。这种组织内人心的变化，老板每隔一段时间，就应该自我反省，用心检验，以明白其中的变化。及时做好调整，才能长治久安，而生生不息。

更可怕的是，现代化的太监，隐身在各个角落。只要老板魔心一现，各种形式主义、命令主义、本位主义、公文主义，以及红包主义，便会十分猖狂。

《史记》有一番话，说得十分精彩："人君无智愚贤不肖，莫不欲求忠以自为，举贤以自佐，然亡国破家相随属，而圣君治国累世而不见者，以其所谓忠者不忠，而贤者不贤也！"意思是说老板最喜欢忠诚、贤明的干部来辅助他，可惜不识人也不会用人，常常把坏人看成好人，将好人看成坏人。员工看在眼里，当然十分痛心。但是，老板说他忠，谁敢说他不忠，就算说了，又有什么用？老板说某事应当怎样做，谁敢说不应该这样，即使说了，结果怎样,谁也料不定。唐太宗和魏徵的故事,为什么这样扣人心弦?便是少之又少,十分稀奇!唐太宗如此英明,有这样宽宏的度量,也曾多次不满魏徵的不给面子而想杀他。幸亏太宗能够自我克制,又有长孙皇后的劝阻,才造成可圈可点的贞观之治。

明朝孝宗、穆宗时代名臣辈出,思宗则由于过分苛责大臣,使得大家不敢做事,以免动辄得咎。频繁地更换大臣和滥杀大臣,终于断送了明朝的前程。

因为人心是看不见、摸不着的,所以老板看不看得见,又看不看得准确,应该是老板高明与否,幸运与否,成功与否的真正关键所在。这种能力不但不容忽视,而且值得自我修炼,以便获得长久的成功。

良心对良心,才能同心协力

在彼此的心中,有没有对方的存在,分量有多大?无法用言语表达,明说出来,大家都很别扭。既不自然,也很难置信。只有各人心中的感受,才是实在的。

人心向背,实际上是最给老板面子的制衡,也是一般人看不见,甚至看不懂的制衡。魏徵的态度,其实和西洋盛行的有形制衡相当类似,但在中国毕竟是不可复制的特例。历代多少人学习魏徵,不幸都成了烈士。不给面子的逆耳忠言,固然十分可敬,事实上却会付出残酷的代价。我们普遍采取给老板面子的心理反应,看不见也摸不着,完全看老板有没有权力,有没有诚意来了解和重视。

干部说出一句难听的话,很可能动机就不相同。是善意的忠告,还是恶意的攻击?看不出来,也不容易拿出证据。只有老板心里明白。别人根本难以辨识。

心中有老板,大多出于善意,是一种爱的呼声。心中没有老板,则是恶意的伤害，存心使老板难堪。老板心中有这位部属，比较容易接受，否则听不进去。

老板的态度，是听话之前，先看看说话的人，心中有没有老板。有则听，没有就不听。员工的回答，最好是接受老板的暗示，否则岂不丢脸。得赶快反省自己，调整自己的心态，以期老板改变心态，听得进自己所说的话。当然，这和逢迎拍马，说老板喜欢听的话，绝对不同，千万不要混淆、扭曲才好。

事业要顺利发展，上下同心协力至关重要。同心，同化的心？你我同凭良心，从"你心中有我，我心中也有你"做起，以良心对应良心，自然同心协力！

这一条最深层的心理红线，无论老板或员工，都不要去踩它！不管有意或无意，踩着了总归不利。

会折腾才是好领导

文 / 黄铁鹰　北京大学光华管理学院访问教授

人是最能适应环境的动物。在一个好老板手下，一般的管理者会越干越能干；在一个差老板手下，优秀的管理者会越来越平庸。因此，骨干不是选出来的，而是折腾出来的。

缺少真正的骨干，几乎是所有老板最头疼的事。如果问他们：对自己的管理层满意吗？相信他们大都会说："别看工资表上的人挺多，但真正顶用的没几个。"

员工是冲着企业来的，但是能否留下来并发展成为好员工，则要看是否有好的管理者。骨干一定会培养出一群能干的员工；相反，不顶用的管理者手下一定是庸才居多。

韦尔奇最艰难的决策

于是，摆在天下老板面前的共同难题是，怎么寻找骨干人才？通常情况下，无非两个方法：一是从外部招聘，二是从内部培养，然后择优选用。

可是问题就出在这个"择优选用"上，不论用多少相面先生和多么科学的评估方法，选出来的人都不一定合乎企业的需求。美国管理界有统计显示，空降CEO的失败率是70%，内部提拔的CEO失败率虽然低一些，但也是足以让老板们心惊胆战的40%。

序言

难怪韦尔奇在他的回忆录中说："我一生中最难的决策（不是最难的之一）就是为 GE 选择我的接班人。"GE 用了整整三年，在三个候选人中最后决定用伊梅尔特。

有人一定会问：这三个候选人都是 GE 内部的，按说韦尔奇对他们了如指掌，为什么选择依然如此之难？

这就是企业管理最难和最关键的地方——对人的判断。对人的判断是艺术，不是科学！

因为人是活着的，管理企业是门实践的艺术，所以选择一个合格的管理者就不是那么轻易能做到的。什么叫实践的艺术？就像弹钢琴，读再多琴谱，上再多钢琴课，看再多的演奏，不亲自动手弹就永远不会。这就是很多专业和行业都很对口的人，当被委以管理职位时很快被淘汰下来，反而是那些没有什么相关学历，一步步从基层干上来的人更顶用的原因。于是，老板们犯愁了。管理职位就这么几个，企业这架敏感的钢琴经不住很多人轮流敲呀！

那么，把别的企业训练好的人挖来是不是就行？也不行。因为管理者的通用性差。不像合格的医生、电工、飞行员、泥瓦匠可以在全世界任职，成功的管理者则无迹可循。比如让任正非去接管百度，很有可能以失败告终；让王石去管理 SOHO，也不见得玩得转。

人尽管有共性，但恰恰是人的个性才形成了不同的人，企业也是如此。管理是个绝对"因人施管"的活。老板们经常会发现，一个被所有人都看好，年龄、经历、学历、专业、人品都优胜的候选人，可是一上岗愣是不顶用；一个很不起眼，甚至有明显毛病的非候选人选居然能做出让所有人吃惊的业绩。

更让老板们担心的是：不仅不同管理者之间不能通用，就是管理者本人，昨天的成功都不能保证今天还会成功。自己一手培养起来的，曾经兢兢业业、能征善战的管理者，今天也许变得马马虎虎、缩手缩脚，整个成了另一个人。

原来管理者也是人，是人就会变，爱情谈不顺都会影响管理者的表现。

于是，老板们在选择管理者时永远战战兢兢，生怕走了一个狼，来了一个猴。要知道管理者是一个组织的心脏，任何组织都经不起频繁的心脏手术。在我任香港华润创业执行董事的十几年间，我亲自为14个企业挑选过总经理。其中有几次选错过，不仅使公司的业务和团队元气大伤，也让我自己处于走投无路、夜不能寐的崩溃状态。

所以，即使像GE那样世界顶级的企业，选人时穷尽世界上最先进的各种评估方法，依然不能解决韦尔奇的问题，当然也不能解决比GE小一些企业的选人问题。

骨干是"用"出来的，不是"选"出来的

后来，随着选择和使用管理者的经历越来越多，我逐渐明白了"伯乐相马"纯粹是个现代人演绎的神话，天下就没有能把人这种灵长类动物看准的伯乐。选人的对错往往同用人的对错分不开，而且后者更重要。因此与其说选对了人，还不如说是日后用对了人。

人是最能适应环境的动物，在一个好老板手下，一般的管理者会越干越能干；在一个差老板手下，优秀的管理者会越来越平庸。这如同烧砖，本来是好坯子，可是火候不当，就会烧成次品。

后来我到北大教书，在同很多当老板的学生交流时发现：大多数老板在选人的问题上，都走过同我当初一样的弯路。一旦曾经被寄予很大希望的管理者表现叫人大跌眼镜时，老板往往认为选错了人，而不是用错了人。所以经常会听到类似的经验型总结："以后不能再用这种满嘴流程、文化的假洋鬼子了。"或者："以后一定要选大学本科的毕业生。"接着，老板们又投入更多的精力和担着更大的心，开始了一次又一次的选人……

为什么大多数老板们没有意识到自己的错误，难道他们在集体推卸责任？其实他们并不是有意推卸，而是人类天生有为自己找借口的心理。老板们轻易不会意识到："是我没有把这个人用好。本应该由他行使的权力，可我不放心，还要派小舅子去看着他。将心比心，就是我自己被人像防贼一样防着，怎么可能放心大胆地干呀？"

为什么说用人比选人更重要？因为企业是追求效率的，在有限的成本、时间和空间内，任何企业都不可能穷尽所有可能的人选。只能是那个人很好，但太贵；这个人便宜，但经验少。或者还有没有更合适的。10个候选人少了，能不能再找10个，20个？30个中也没有最合适的，算了，只能矬子里拔大个儿。因此从理论上说：一是任何企业选的管理者都不可能是完美的匹配；二是任何企业选到平均素质管理者的概率都最大。

于是，老板们比拼实力的时候开始了——看谁能把手下这些错配的管理层，用尽量短的时间、尽量少的成本，尽可能使他们从错配向绝配逼近——使他们从平均素质的管理者变成顶用的管理者。

正是由于用人的差别，才形成了公司的差别。老板的基因、出身、家庭、成长过程、生活环境、价值观、修养，甚至老板的朋友圈子……都会在这个问题上充分地表现出来。好公司的管理者在超水平地发挥着，一般公司的管理者发挥着平均水平，坏公司的管理者则整天在算计如何少干多挣。

一个性情多疑的老板不可能培养出为他承担责任的管理者。因为没有信任，人与人不能形成肝胆相照的关系；没有这种关系，人家凭什么为你赴汤蹈火？更关键的是，人是一种习惯的产物，一个没有承担过责任的管理者，不可能有承担责任的习惯。

一个事必躬亲的老板，不可能培养出善于做决策的管理者。为什么？就像独生子女一样，从小到大在家长过度的呵护下成长，所有决定都是别人代做的，长大了甚至连结婚都要家长出面！

一个粗心大意的老板也不可能有一个追求精细的管理层。为什么？因为老板就是公司的家长，就是文化的缔造者，员工们就像孩子，家长对他们的影响是春雨润物细无声的。

那究竟有没有能让大多数老板把一般的管理者变成顶用管理者的通用办法呢？

很遗憾，没有。因为正确的做法首先需要大多数老板改变自己的性格和价值观，但这样很难，所以，优秀的老板总是少数。

不信请看看，你能这样做吗？

不要培养预备干部

首先，把你公司的后备干部队伍、你心中的接班人和你口上不承认，但其实心中存在的亲信们彻底取消，并且从心里相信：你看人的眼睛是不准的，顶用的管理者必须是打拼出来的！就像当年的美国民主党总统候选人希拉里和奥巴马，不到最后一张选票，谁都不知道自己能不能成为候选人。

为什么？因为对管理者最好的培训莫过于实战！在一城一池的竞选争夺战中，希拉里和奥巴马都会锻炼得比他们原来更坚忍、更包容、更全面，从而更能胜任总统的职位。相反，皇帝的后代则一代不如一代。

因此，任何企业事先指定接班人的做法，至少有两个直接缺点：一是，指定的接班人心理一定会发生变化——既然成为接班人了，就得有接班人的"样子"。可是心理学告诉我们：必胜心理过强的运动员失误率较高。企业管理是一个需要不断追求卓越的创新过程，可是创新带来的不一定是成功，往往风险大过成功！所以患得患失的接班人一定会比平常心的管理者犯更多错误——要不过于冒险，要不过于保守。

二是，一旦事先确定预备队（特别是有很多人为规定的条条框框的预备队——学历、年龄和资历等），对那些没有进入预备队的多数管理者就是一个打击："我们再怎么努力也没戏了。"

可是人哪有不想往上走的？如果向上的正路堵死了，就只有另辟蹊径——拆台、跳槽、占便宜、玩世不恭……这种对大多数管理者士气的杀伤，是一个优秀企业承担不起的巨大内伤，因为企业的成功恰恰需要大多数管理者的共同努力和精诚合作。

因此，让大多数管理者感到公平的正确做法是：每个人都有机会登上企业最高管理者的位置，一切以经营管理结果说话，不到最后一分钟谁都不应该知道，他（她）就是理所当然的接班人。这才是企业最可靠的不拘一格选人才的稳妥做法。因为商场和人生一样，都是一场马拉松，途中什么都可能发生。这就是海尔集团所说的："赛马不相马。"因为一个公司把注意力放在相马上，马群的注意力就分散了。

选定的管理者就是最好的管理者

首先，管理者一旦选定，你就必须从心里相信他是最好的管理者。什么叫最好的管理者：第一，他不会占你一分钱的便宜。因此，让他承担做事的责任，就必须给他相等的财权，不论多大筹码，除了合理的流程和制度的监督外，绝不应该用人监督人。否则，就是在怀疑他的诚信。一个被假设为贼的管理者是不可能全心全意为你服务的；一个不能全身心投入的管理者，怎么可能超水平发挥？

第二，你必须相信他的能力最适合目前这个职位。要让他相信，他是最好的。让一个管理者相信他是最好的，莫过于给他权力。"天降大任"必须授大权；没有大权，大任是空的；没有大任，人怎么可能有担当？可惜，授权这个事同相信别人不偷自己的钱一样，是大多数老板最难做的事。"把权力交给他，生意做坏了，怎么办？"于是，大多数老板的手下缺少顶用的管理者也就成为必然。

真正想获得顶用管理者的老板，每年都应该在预算中专门计提一项管理者决策失败费，这是培养管理者必须花的。人是不能从别人的经历中吸取教训的，就像每个人都被家长警告过火会烧手，但谁没有被火烧过？只有被火烧过了，我们才知道不能玩火；只有犯过错误的管理者，才能成为顶用的管理者。让人成熟的不是岁月，而是经历，管理者同理。

其实，信任和授权是老板们对管理者最难做的事。因为人不是己，很难做到完全相信和欣赏。但是管理者的成长就这样怪，你不相信他们，他们就真不让你相信；你认为他们不能干，他们就真不能干。信任和授权是管理者成长的水分和土壤。这就是心理学的期望理论——人与人的关系互动往往导致期望成真。老板对管理者的过度防范往往会导致管理者真的背叛。

断其后路

最后，一旦任命了管理者，就要断后路，让他知道这不是锻炼，干不好只有被免职或开除。

骑驴看唱本与破釜沉舟的人，心态是不同的，正是不同的心态才导致不同的命运。不仅要断管理者的后路，老板更要自断后路，不要为一个职位准备一个超级候补，虽然这是一个表面看似合理和稳妥的人事应急方案。然而这种安排在给老板带来心理安慰的同时，必然会为企业内斗埋下伏笔。想想看，任何人，谁总安心于为大局着想，甘愿长期坐冷板凳？因此摩擦是必然的，于是，在位管理者的发挥不可能不受到影响。再于是，是人选错了，还是没有把人用好的问题，就又交织到一起了。

其实很多人不知道，韦尔奇在最后决定伊梅尔特做接班人的同时，又做了一个让人匪夷所思的决定。他把另外两个为通用工作了20多年的候选人炒了！他说："这两个人到任何一家世界500强的大公司，都是优秀的CEO人选，但我不能把他们留在通用电器，我会亲自把他们介绍到别的公司工作。"

人们问他为什么？他说："为伊梅尔特扫清障碍。"

绝！真是既生瑜，何生亮！

顶用的管理者就是这样用出来的。

看到此，你还敢说：我也能培养出顶用的管理者吗？

目 录

序言 1

"中国式"职场的生存法则 // 吴晓波　1
良心比一切制度和科学都好 // 曾仕强　5
会折腾才是好领导 // 黄铁鹰　12

合作：心理底线，一碰就死 001

形形色色的底线 // 黄铁鹰　002
当职位权力遭遇个人权威 // 赵玉平　007
天下老板一般"硬" // 马　浩　015
最软处就在情感与忠诚 // 陈咏雪　019
从西安事变看对老板的认同 // 姚小青　023
怕的是失去影响力，而非权力 // 蔡丹红　027
可以犯错误不能抢风头 // 林景新　031
滥用私人关系很危险 // 丁　力　035
不要成为员工抱怨的领头羊 // 刘　林　039
针尖上的薪酬 // 陈宇峰　任国良　043
当"宋江式"底线遇上"华盛顿式"底线 // 周仲庚　048
底线的背后是合作 // 郭梓林　052

决断：
不理性会死，
没嗅觉也会死
057

企业家别学诸葛亮 // 郎咸平　058
理性是法官，直觉是侦探 // 杨思卓　062
鱼钩、长矛与抓狂的总裁 // 姜汝祥　068
别用错误为错误买单 // 王嘉陵　073
聪明的猴子没桃吃 // 庄建生　079
警惕挫折投资 // 白立新　085
王安石的四大昏招 // 易中天　090
只有德国人才犯的错误 // 黄铁鹰　098
好企业要像机器一样僵化 // 栾润峰　105

用人：
用得好叫骨干，
用不好叫硬骨头
107

"将将"的底线是让其没有安全感 // 孙　力　108
折腾的火候 // 赵玉平　112
如何管理"鸟人" // 崔金生　119
以德服人的妙处 // 崔金生　129
"胜利"是最好的激励 // 刘悦坦　137
分权之道 // 崔金生　143
怎样管理恃才傲物的员工 // 崔金生　149

目录

选人：得其人则生，失其人则死 155

交班前的魔鬼训练 // 夏小荣　156

决赛胜出，冠军不干了 // 潘文富　160

过山车演练新舵手 // 毛小民　164

我对年轻骨干的"淬火炼钢" // 孙　力　168

让空降兵潜入企业 // 李　天　172

我给人才设跨栏 // 景素奇　176

折腾的三个维度 // 丁海英　181

有些边界不能碰 // 商　振　183

授权：你不"浴火"，叫他怎么"重生"？ 187

走向共和的"后老板时代" // 罗建法　188

老板为什么欲罢不能 // 李富永　193

黄鸣甩手与皇明大治 // 周攀峰　199

汪力成的退休梦 // 王文正　206

创维的自我超越 // 史静华　212

虎都服饰的招虎之道 // 魏玉祺　219

好利来的下一棒 // 王长胜　224

大午集团立宪志 // 王孟龙　231

甩手的智慧与策略 // 郭梓林　238

职场
生 死 线

合作：
心理底线，一碰就死

人在职场，身不由己，但至少要洞悉老板的心理底线，这是一根神秘而敏感的神经，红线之外，做错什么都可以挽回；触及红线，老板转瞬翻脸，就事关去留与职业生涯的生死了。

◎ 形形色色的底线

文／黄铁鹰　北京大学光华管理学院访问教授

> **不能为老板赚钱算底线吗？除非你是打工皇帝，也许老板不会过于关注；偷老板的钱算底线吗？除非你偷天换日，也许老板会睁一只眼闭一只眼；功高盖主算底线吗？除非你能颠覆他，他也可能不会过于苛责。天底下没有一套标准的老板心理底线，性格、体制、阶段等不同影响，幻化出了形形色色的老板底线。**

什么是老板的心理底线？也许我们能归纳出一些共同的东西来。

比如：老板雇用你的目的是要你为企业赚钱，如果你不能为老板赚钱，老板当然就不会养着你。可是这种底线太过于宽阔，以致不能成为底线。如果你不是被老板高薪请来的打工皇帝，根本不需要注意这个底线，因为老板是对性价比最敏感的人，有用没用，全看你值多少钱。

当然，如果你是公司中鹤立鸡群的高薪人员，特别是顶着一大串光环（名校 MBA、"海龟"、500 强工作经历等），你就必须打起十二分精神来了。要知道你的高薪始终在让老板肉疼，如果你的表现没有达到老板请你的预期，随时随地都可能触及老板那些捉摸不定的心理底线。此时，你哪怕知道老板的一千种心理底线也没用，因为你的老板一定还有第一千零一种你不知道的，这就是所谓的"欲加之罪，何患无辞"。

其次就是千万别偷老板的钱。其实这也是一个又宽又大，不能成为底线的底线。为什么？因为每个老板的气度和管理哲学不同，比如拿回扣肯定算是偷老板的钱。可是很多公司老板，明知道食堂采购员吃回扣，但硬是睁一只眼闭一只眼。我问他们为什么？回答说："水至清则无鱼。蔬菜副食价钱每天都变，质量千差万别，供应商都是个体户，监管成本一定高过回扣。因此，只要当事者能在预算内做出员工满意的饭就行了。"另外，用公司的钱请私人朋友吃饭算不算偷老板的钱？借出差的机会游山玩水算不算偷老板的钱？我见过一个年薪超过7位数的高级经理人，他的西装从来都是在五星级酒店里洗的，因为工作需要他经常住酒店，这算不算偷老板的钱？因此这条底线是否存在，也要因人而异。

还有，功高不能盖主也应算是老板的心理底线。可是这个逻辑在产权清晰的公司中是不成立的。为什么？因为发工资的和领工资的人自己心里清楚谁是真老板。我在香港见过一家公司，开始总以为那个在公司内外一言九鼎的董事长就是老板，可是后来才知道，一个天天打麻将，从来不穿西装的80多岁干巴老头才是真老板。

其实功高能不能盖主，关键在于是不是会把老板颠覆了。颠覆老板的情况在亚洲企业很少会发生，因为亚洲企业由家族控股的多；而如果你在美国上市公司打工就要注意了，因为美国上市公司股权非常分散。比如：纽交所上市公司的大股东平均控股比例不超过5.4%。这种公司老板是谁是很难说的，有的公司CEO是老板，有的是董事会主席，还有的是董事会和CEO平分老板的角色。这时候每个人都不是真老板，每个人又都想当老板，于是就要防着下属有可能把势力做大，颠覆自己。因此，功高盖主这条也不能算是一个放之四海而皆准的老板心理底线。

底线有原则，没标准。老板也是人，人尽管有共性，比如"食色，性也"，但恰恰是个性，才决定了人与人的不同。而恰恰也是个性，才决定了老板的底线很特殊。

比如，王石是一个图名大于图利的人，因此不仅王石经常成为新闻媒体的焦点，万科分公司有些总经理也经常出现在当地媒体的版面上。任正非是一个非常不喜欢出名的人，因此华为公司的高层个个也都好像隐身人似的。我相信这两个老板关于下属的新闻媒体曝光率的心理底线，可能完全不同。

老板们不仅有性格上的差别，还有体制的差别，比如国有企业老板和私人企业老板的心理底线肯定不同。如果你在国有企业打工，如果不是工作需要总同你老板的上级接触，你老板心里肯定不舒服，不舒服久了，老板心理底线一过，你就大难临头了。当然这条规则也不仅限于国有企业，如果在合资公司或上市公司打工，你经常越过CEO同大股东或董事会成员打高尔夫，老板心里也一定不舒服。

老板不仅有性格和体制上的不同，还有性别的差别。如果你的上司是一个曾被第三者夺走丈夫的人，你恰好是个如花似玉、风情万种的年轻女下属，你就要加倍小心了，特别是在她的生理敏感时期，你分分钟都可能会触及她的心理底线。这就是长得丑的女老板很少有漂亮女下属的原因。

老板不仅有性格、体制和性别上的差别，即使同一个老板，在公司不同发展阶段也有不同的心理底线。

当他的资金链快断了，你只要能帮他搞到钱，他可能除了自己老婆不让你睡之外，什么心理底线都没了；当公司开始像模像样了，老板也有闲暇到北大、清华上EMBA了，回来之后，老板的心理底线可能就变了。为什么？因为他眼界开了，知道什么是"高素质"的人才了，因此那些打江山的非正规军——"低素质"下属，可能就会经常触及他的心理底线——"这种素质的人，怎么可能实现公司的宏图大略？"不仅如此，通过学习世界500强企业，老板也知道了"企业要想成为百年老店，就必须有高尚的企业文化"，因此，过去那

合作：心理底线，一碰就死

种习以为常的"不正规"做法，很可能就不被变得"高尚"了的老板所接受了。

在每个老板不同的人生阶段，也会有不同的心理底线。因为人都是一天天成熟的，一天天变好或者变坏的。当老板的钱越来越多，多到他这辈子都花不完时，老板就开始真心关注社会责任了，这时你一旦提出一个有创意的慈善活动，很可能就会得到赏识；反之，当他正在同竞争对手进行短兵厮杀时，如果你提出增加一项处理污染的开支，可能就会永远在他心里留下一个不识时务的烙印。

我们还必须时刻提醒自己：老板尽管是高级动物，但还是动物，是动物就有非理性的时候，就像狗有时会咬主人一样。别以为有着大把钞票和美女的老板们心里就幸福，其实大多数老板的压力要比打工的大：打工的被炒了鱿鱼，大不了影响一家人；老板要做不好，就会影响一大群人。不仅如此，当过老板的人大都不会打工了，因为人都是上去容易下来难。因此自己的公司

砸了，老板们打工都没地方去。这就是为什么整天被人前呼后拥的老板们总是紧锁着眉头的原因。心理学已经证明：心理压力过强，人就会变态。所以，老板的心理底线有时就会跟着心理压力变，于是，有些人就被莫名其妙地炒了鱿鱼，以至于过了很多年他们仍然对老板耿耿于怀："那家伙是个喜怒无常的疯子！"

所以，我说天底下根本就没有一套标准的老板心理底线，聪明的打工者必须有伴君如伴虎的职业精神，要审时度势地试探自己老板特殊的底线。

不过，要知道大部分老板是天底下最大的实用主义者，赚取利润是他们的天职。作为下属只要能帮着老板们完成使命，老板们一定是天下最宽容的人。我见过太多的老板，在能干的下属面前，他们有着上帝一样的包容心；面对不能干的下属，他们转眼就变成了黄世仁。同样，我也看过太多精明的下属，他们往往把过多的精力放到揣摩老板的心思上，这些人有时如鱼得水，很快得到老板们的欣赏，可是搞企业也是个中长跑的硬活，他们不久就会在讲究实效的老板那里失宠了。

合作：心理底线，一碰就死

◎ 当职位权力遭遇个人权威

文／赵玉平 北京邮电大学经济管理学院教授

> 下属：领导你错了，该朝这边走！
>
> 上级：我没错，你跟我走！
>
> 下属：你就是错了，我不跟你走！
>
> 上级：真不走？
>
> 下属：真不走！
>
> 上级：好！来人，推出去斩了！

前段时间给清华总裁班上传统文化与现代管理课，遇到一位主管营销的副总抱怨工作没法开展。问题很简单：该企业市场份额排名第一，最近，董事长决定要与份额排名第三的企业联合。该副总指出，第三找第二一起抗衡第一，这是符合博弈论的，而且三国的故事就在那儿明摆着；但第一要和第三合作就得小心了，而找他们合作的第三企业现在发展势头非常迅猛，极有可能在短时间内抢占第二的位子，进而威胁到自身，找它合作不仅打击不到第二，反而会培养出更强大的竞争对手来。董事长这个决策纯粹是头脑发热，中了别人的圈套。

在力陈无效之后，该副总采取了置身事外的消极不配合态度。几个月来，双方联合真的如他事前预言的，一波三折，进展缓慢，效果不佳。结果董事长和总经理都认为，目前的被动局面是该副总的消极态度直接造成的。

听完他诉冤，我想起了中国古代的一个名人。

他就是赫赫有名、在长平一战中坑杀赵国降卒四十多万的秦国大将白起。

胳膊拧不过大腿

《史记·白起列传》载，长平之战白起歼灭赵军四十多万，韩、赵恐慌，就派苏代带了很多钱游说秦相应侯范雎："武安君白起为秦战胜攻取者七十余城，南定鄢、郢、汉中，北擒赵括之军，周公、召公、姜太公的功劳也比不上他。现在如果赵亡，秦王称霸，那么武安君必为三公，那么他的地位和权势就要超过您应侯了。"于是应侯说服秦王放弃了攻邯郸灭赵的计划。武安君听说后心里很恨范雎。

第二年秦国的五大夫王陵攻邯郸，战事不利，秦王想用白起代替王陵。白起建议说："邯郸实未易攻也。且诸侯救日至，彼诸侯怨秦之日久矣。今秦虽破长平军，而秦卒死者过半，国内空。远绝河山而争人国都，赵应其内，诸侯攻其外，破秦军必矣。不可。"秦王再二下令，白起始终不肯前往，后来干脆称病不出。

秦王派王龁代王陵，最终损失很大也未能攻破邯郸。白起听说以后就对人说："秦王不听我的计策，今如何矣！"秦王闻之怒，一定要征调白起，白起推说自己病得很重，范雎亲自去请也没请动。于是被免为士兵，又过了三个月，秦军连打几次败仗，秦王恼怒命人遣送白起，不得留在咸阳。出咸阳西门十里，至杜邮。秦王与应侯群臣商议："白起之迁，其意尚怏怏不服，有馀言。"于是派使者赐剑，白起落了个自杀的下场。

白起的死说明了在重大决策上和领导唱反调是很危险的事情。在攻打邯郸的问题上，白起的主张是有道理的。但是，之前攻打邯郸的计划因为秦王偏信范雎而搁浅，之后不适宜攻打邯郸的建议又因为秦王固执而不被采纳。

两次挫折让大军事家白起满怀不快，从装病到真病，受尽了委屈。其实，白起的遭遇在现代企业当中也是相当普遍的一个现象。在很多重大决策上，往往是作为专家的职业经理人说不动固执的老板，"胳膊拧不过大腿"。在这种情况下怎么办？白起选择的是坚持自己的主张不改变，结果在秦国吃了败仗以后，自己也被处死了。

与权威"联姻"

管理过程中，经常会出现班子进行重大战略决策时，上下级意见不统一的问题。这时会有两种情况：

一是上级既有权力又正确，在这种情况下，科学性与权威性是一致的。下属的固执无损领导威信，企业经营的发展也会顺利进行。

二是上级有权力，下级有真理，这时科学性与权威性是不一致的。此时，如果领导服从了下属，事情也会顺利发展，而且领导会有一个虚心纳谏的美名。不过权力往往都是固执的，于是双方的对立也就产生了。这种情况下，比较难做的是下属。服从吧，已经看出是错的。不服从呢，上级领导会不高兴。努力说服对方吧，又做不到。白起就是在这样的困境中自杀的。

历史一次一次向我们展示的事实就是这样的：

下属：领导你错了，该朝这边走！

上级：我没错，你跟我走！

下属：你就是错了，我不跟你走！

上级：真不走？

下属：真不走！

上级：好！来人，推出去斩了！

我们不得不承认一个铁的事实：组织的运转从来都是由权力推动的。没有科学陪伴的权力依然威风凛凛；没有权威支持的科学则变得面目全非，而且备受摧

残。所以，科学要在组织决策中发挥作用，就必须要善于和乐于与权威联姻。

联姻不是卖身，不是做奴隶、做仆人、唯命是从。联姻的策略核心是"组建家庭"，荣辱与共，沉浮一体。任何美满而长久的婚姻当中，夫妻双方都会坚信两点：一是彼此有深厚感情，二是彼此是利益共同体。

所以，我对开头提到的那位副总说，他犯了三个错误，一是没"求婚"，以专家自诩，认为自己手握真理，心理上有优势，等着对方醒悟来找他，这违背了管理的规律；二是不"恋家"，始终没能让对方看到他对公司的热爱、事业的热爱，以及对老板的情感认同与承诺；三是不"顾家"，在公司利害攸关的问题上冷淡处之置身事外。即使他手中握着正确的意见，但由于他的行为不到位，对于公司的现状也负有不可推卸的责任。如果不尽快采取措施的话，他的下场会和白起一样。

"主动求婚、真心恋家、朝夕顾家",是专家下属面对固执领导的基本策略要点。具体说来,在分歧发生的时候,要积极主动沟通,注重情感交流,善于使用私人场合和非正式沟通,要展示自己的事业心,展示自己对领导对企业的感恩之心,要把企业的成败和自己的未来蓝图连在一起。

科学性如果不能和权威性达成一致,便会被抛弃。这种抛弃,对双方来说,都是悲哀的结局。没有科学内助的权力是盲目的权力;没有权力支持的科学是孤独的科学。

把握好沟通策略与沟通角色

我们都知道,权力包括两类:一是职位权力,如合法命令权,奖励惩罚权;二是个人权力,如专家权,模范权。战略决策领域,永远都是权力的第一舞台。所以分析这类问题,必须要考虑权力的因素。

战略决策上的主张无论是正确还是错误,只要表达得当,都不至于走上"死路"。所谓得当,指的是用理性很好地控制自己的情绪。白起没有做到这一点,这是他被赐自尽的主要原因。

让白起无法控制自己情绪的原因很简单,长平一战后本来形势大好,眼看就要大功告成,可"老板"居然偏听范雎之言,强令收兵。白起实在咽不下这口气。必胜的仗不让打,眼前必败的仗却一次一次命令自己上阵。这让白起十分不快,干脆来了个"不合作主义",任你怎么请我就是不去。白起的做法太缺乏理性了。

在这么重大的问题上,耍孩子脾气实在是对国家不负责,也对自己的前途不负责。

白起敢耍大牌是因为他有资本。自出世以来,白起南征北战,每战必捷,横扫韩魏赵楚,连克七十余城。他的功劳天下尽知,他的本领天下尽服。毫无疑问，白起是一个同时拥有模范权和专家权的下属。

在个人权力上，秦王甚至都不如白起。不过秦王是"老板"，他的手里牢牢控制着职位赋予他的合法命令权和奖罚权。我们经常听到"功高震主""才大欺主"一类的话题。什么是功高震主，才大欺主，其实就是下属个人权力太大，影响了上级职位权力的发挥，甚至反过来控制了领导，这是历朝历代"老板"都不能接受的。白起居然就在这么做。我相信，以他的智慧，只要稍稍想想就可以发现其中的危险性。不过，老将军闹情绪了，生气了。一旦情绪化的心理机制被启动，很多基本的理性思路都会停工。

白起的理性停顿了，秦王的却没有。不但没停，而且我相信他的理性还加深了。

经过深思熟虑，秦王重新给问题定了性。在他心里，下属白起的行为，已经不是简单的战略决策分歧的问题了，而是公然对自己作为秦王的权力进行挑战。白起根本不是在怀疑秦王决策的科学性，而是在挑衅他的权威性。姑息了一个白起，以后朝廷中的功臣大将就有可能纷纷来复制这个模式，那"公司"就没办法管了。

相信每个在董事会战略决策会上被下属质问、反驳、蔑视和忽略的老板，心情也是和秦王一样的。杀一儆百就成了必然。

我们再一次认识到，在管理过程中，沟通策略和沟通角色的把握，对于沟通结果至关重要。

平衡私意与公心

有想法不说，对不起工作。说了却没讲究方法，对不起自己。

如果，一个有专家水平的下属在发现了正确意见以后，对老板说时既对得起工作了，也讲究了方法，却没有得到老板的认同，这时候应该怎么办？

合作： 心理底线，一碰就死

我想这要考虑三件事情：第一，自己的影响力是否太差，能不能找一个比自己更有分量、更有影响力的人出来说话，让科学性主张借助权威性传播；第二，能不能放一放，小火慢炖，采用逐渐渗透的策略，让老板自己"悟"出来；第三，倘若是紧急任务，沟通说服无效，那么要做好执行上级决策的思想准备。

让快速行进中的汽车转弯是很难的事情，必须要拐一个很大的弯才行。同样的道理，如果企业发展迅速，一派繁荣，老板很难改变意见，就需要慢慢来。

这个时候，要保持一颗公心。所谓公心，应该有三个层面，一是理解别人，二是恪尽职守，三是奉献精神。用第一层说服上级，用第二层指导工作，用第三层化解委屈。

就算是上级的决策有问题，也不该逃避和抱怨。真的轮到自己干了，一方面要充分表达自己的观点，提供必要的信息和分析思路，供上级决策参考，另一方面要尽心守职，努力去做。这叫作"言尽私意，行尽公心"。用语言把自己的想法都说完，用行动证明自己的公心。

要摆正自己的位置，作为下属，在方向性的问题上，只有建议权，没有改动权和停止权。所以，要有摔跟头的思想准备，明知道要摔，但是也要摔给上级看，帮助领导认识到问题的严重性，帮助领导搜集信息，这是完全必要的。不小心摔跟头是正常，有准备地摔跟头，而且能提前把损失控制在一定范围内，这是境界。

在这方面，"白起"型的员工的做法是有问题的。他们自己怕摔跟头，怕担责任，言不尽意，行不尽心，只是在那里抱怨、闹情绪甚至拆台。问题出来以后，还说风凉话、打击上级，给自己找面子。这几乎不是方法问题或者性格问题了，已经接近人品问题了。这也就难怪秦王那么生气了。

当然，作为企业的最高负责人，应该主观上虚心听取别人的意见和建议，放宽心胸、放长眼光，认真对待别人的意见。同时在客观上，应该准备三个基本的机制：一是有效的集体决策机制，包括信息机制、表决机制和决策咨询机制；二是上下级交流机制，保证自己能够了解到最鲜活的信息、最真实的意见；三是错误反馈和修正机制，确保尽早发现和解决苗头性、趋势性的问题，并能把失误的教训加以总结，通过向失败学习，保持自己和企业的不断进步。

合作：心理底线，一碰就死

◎ 天下老板一般"硬"

文/马浩　北京大学中国经济研究中心管理学教授，北大国际MBA教授兼学术委员会主任，美国伊利诺依大学春田校区管理学教授

> 真正的老板，心硬，关键时刻绷得住，无论对错成败，都坚持老板的做派，战斗到底，舍我其谁。真正的老板，果断，该出手时就出手，无论亲疏聪笨，都必须要执行路线，顺我者昌，逆我者亡。

在下从来没有当过老板。因此，只能以旁观者的观察与揣摩，来感悟和解读老板的终极境界和隐秘王国。

我们这里说的老板，是真正的老板。说话算数，拥有终极的权力。没有权力的老板，只是名义上的老板，实际只是傀儡；有权力但没有战略主见的老板，或者有主见但不能够促使别人听从并付诸行动的老板，只是过渡性的老板，终将被取代；能上能下的人都不是真正的老板，而是业余老板，职业打工者。职业老板是上去就不下来的，会把老板事业进行到底。

"硬"的底气来自产权

无论是昔日君主之奉天承运，还是现代企业主之依据产权，老板的权力基础都是来自其所有权。根据所有权行事，老板可以理所当然地依照自己的意志发号施令，按照法律或者合同为老板打工的人自然要俯首听命，有令必

行。老福特的孙子在与福特高层管理人员（包括CEO）发生冲突时，最常用的一句话就是："抬头看看办公楼上的标志，谁的名字在上面？按照我说的办，否则走人。"这时，老板无所谓对错，只有自己具体的利益与当下的意愿。不是谁正确谁有才谁当老板，而是谁当老板谁正确，产权使然。

无论是凭借众人推举还是依据习俗传承，被组织中的成员（尤其是组织中的精英集团）按照组织规程或传统选定的老板，合法地拥有终极的决策权力，可以诉诸组织程序的操纵与人事的任免，从而巩固与延续自己的权威，实现自己的抱负以及组织未来发展的长远目标。中国共产党从建立到执政，历经28年。以遵义会议为分水岭，前14年历经多位总书记，主要解决的是谁当老板的问题。后14年一把手明确稳定，主要解决的是如何按照老板的思路齐心协力跟着老板打天下的问题。一把手的权威来自于下属对其眼界与业绩的认同。

老板的好恶与心理底线，从老板的行事风格，可窥得些许端倪。有些人直截了当，耀武扬威，毫不掩饰地憎恶任何形式的反叛。有些人深藏不露，含蓄婉转，柔中带刚，对不同类型的逆反会分类判断。有些老板从来不休假，因为他们不能容忍这样一个事实：当他们不在的时候，组织照样运行，地球仍然运转。有些老板几乎轻易不公开露面，因为他们相信这样一个事实：把自己打扮得越是神秘和高不可攀，就越是拥有绝对的权威与尊严。当然，风格也可能因事而异：自己想清楚的事情就直接命令执行，不容置疑；自己没想明白的事情就发动群众，边走边看。

更具体地说，老板的心理底线（终极权力、捍卫路线、永不下岗）及其坚守程度，取决于其胆量与度量。有些老板既有胆量也有度量，比如曹操。他们的心理底线可能相对宽松，可以在表面上容忍下属的藐视、不敬，以及在危机时刻的叛逃企图。有些老板有胆量而无度量，比如迪士尼前老板埃斯纳，在其治下20年间精心防范任何同僚，身边几乎从来没有明确的二号人物出现。有些老板有度量而无足够的胆量长期坚守在老板的岗位，或为顾全大局，或为明哲保身，主动让贤退场。有些老板既无胆量又无度量，既想专权又不敢对更强的对手先下手为强，最终被逐或自伤，比如传说中梁山泊的王伦。

权力与尊严，是老板最"硬"的底线

真正的老板，心硬，关键时刻绷得住，无论对错成败，都坚持老板的做派，战斗到底，舍我其谁？真正的老板，果敢，该出手时就出手，无论亲疏聪笨，都必须要执行路线，顺我者昌，逆我者亡。

杰克·韦尔奇曾经赤裸裸地指出：组织中凡是不执行路线的管理者，无论私交与能力如何，都要毫不留情地坚决铲除。立场坚定，旗帜鲜明。

老板可能让大家群策群力，这并不等于大家决定组织路线。老板可能自言要退休，这并不等于他真要放权。显然，如果一个组织中的老板能够将权力持久化，不能够或者几乎很难被正常地解职或者罢免，那么老板就是组织的灵魂、组织的化身、组织的代言。老板的路线就是组织的路线，老板的意愿就是组织的意愿，老板的远见就是组织的远见。

下属再正确，自己没成为老板前，便无权。无权，便无法掀起波澜。这是老板清楚地印记在心的。因此，老板通常不惜一切代价地固守其权，这是最终的心理底线。

当然，给定一个组织，一个时期，一个老板，其心理底线，可能非常具体，比如不能被下属当众弄得难堪，不能被下属顶撞若干次，下属业绩不能下滑多少点，等等。这些具体的底线，因人而异，难以系统罗列。

然而，普遍言之，底线非常清楚。

你长期藐视老板的权力和威严，老板自然会逐渐积累对你的憎恶和反感，总有一天，找个借口，新账旧账一起算。不管老板度量与修行如何，没有谁

会真正在内心里喜欢哪个人一天到晚给自己提意见。

你如果胆敢拒绝执行老板的路线，即使老板平时可能对你另眼相看，如今也会六亲不认。不听老板的话，就等于跟老板宣战。一旦越过底线，便是敌我矛盾，而且几乎不可能翻案。

如果你想劝老板功成身退或者干脆希望取而代之，那么你基本上是打错了算盘。老板有一种近乎本能的生存意识和延续终生的行为习惯。如果你仍然心存幻想，最好查一下成语字典，把"与虎谋皮"的故事翻来看看。

天下老板都一样，有着惊人相似的心理底线。不要试图改变老板；不要无谓地挑战老板；如果你看不起自己的老板，看不惯现在的老板，没问题，自己找地方当老板。自己当不了老板，选择自己可以接受的老板；不能选择自己的老板，不能取代老板，至少不要跟老板对着干，因为无论你是否正确有理，都无异于以卵击石。

当然，有人说下属有时也会欺负老板。要么被欺负的老板是在放烟幕弹，要么被欺负的老板比较软面，要么被欺负的老板上面还有老板。

亮出一个说话算数的一把手，真正的老板，肯定给你点颜色看看！

合作：心理底线，一碰就死

◎ 最软处就在情感与忠诚

文/陈咏雪 商越管理咨询机构首席培训师、副总经理

老板也是人，也有七情六欲。如果你动了他灵魂深处那根脆弱、敏感的情感神经，他可能得动你的位子了。

最近听到一位职业经理人感叹："我不过就是说错一句话，就被干掉啦，至于吗：堂堂一个大老板，怎么就这点胸怀。"

个中原因，我没有多问。但作为咨询师，由于角色的特殊，往往能接触到各种各样的老板和职业经理人，上述的感叹亦经常听闻。

动了最亲的老丈人

王女士是某知名民营企业集团的行政人事副总经理，从外资企业的主管跳到这家民营企业任副总，无非是有职业发展、升职和大幅加薪的机会。

按她当初的话来说，就是："一张白纸更能描绘最美最新的蓝图，我终于找到了一个可以发挥优势与才能的地方！"老板也希望通过引进她使公司在人力资源方面有质的飞跃。

2006年年底她刚上任，就点燃了三把火：首先实施绩效目标考核；其次进行岗位竞聘，优胜劣汰；最后是系统培训，人才培养。凭着一股子干事业的热情劲，她制定了详细的人力资源发展战略、战术。连专家站在专业的角度都认为方案做得好。可是不到三个月，她的计划搁浅；五个月后，她被公

司辞退了。

原因何在？

王女士自身总结为错误地估计了企业的文化，方案虽好，但无法在企业内扎根，这棵来自西方的树没有生长的土壤，哪能结出果实？虽说是一张白纸，可是你这支笔的油彩就根本没法在上面画出来。

借着到该企业访谈的机会，我与老板聊到此事，他一席话道破天机："我为什么要开除她，原因很简单。她的三把火一来就烧到我家里，绩效目标没错，岗位竞聘也没错，培训更是件好事。钱我是舍得花的，人我是愿意培养的。可是她非要动我的七大姑八大姨，连我老丈人都看不惯。老丈人年龄一大把了还愿意到公司来尽一份自己的力量，一直是员工学习的榜样，她却认为其能力不符合传达室门岗的要求，不适应国际化公司的标准，说要劝退或是辞退。我老丈人伤了一夜的心，说想晚年发挥点余热的机会都没了，老脸没地方搁。她却认为这可以起到杀一儆百的带头作用，是公司人力资源规范化管理的关键事件。我多次有意无意地提示她从其他地方开刀，她偏不！认为这事有代表性。那段时间，闹得我回家老婆不开门，家族里得了个'为富不仁'的名声。我发家那几年，老丈人没少帮衬过，这份情感我可是割舍不下的，割他就跟割我肉一样！让她走还是我老丈人走，我没有选择！"

毕老板竟也是人，也有七情六欲。

如果你动了他灵魂深处那根脆弱、敏感的情感神经，他可得动你的位子了。尊重老板的情感，获得了老板的认同，事实上也就获得了变革的最大推动力！

赠品风波

除了亲情外，老板们也擅长于细节处见真章，可能会因小的道德瑕疵而大动干戈。

合作： 心理底线，一碰就死

2007年7月的一个下午，广州某空调公司赵总急急地给我来电，一定要我尽快在他的公司讲授"职业道德与忠诚度"这门课程。一问原因，才知道他的公司正暗涌着一股不道德的风气，再不"整风"后果不堪设想。

他在电话那头气急败坏地讲道：他们的空调从5月份以后就进入了销售的旺季，到7月销售额也一直居高不下，全公司的人都进入了高度战备状态。在捷报频传的日子里，公司主抓销售的一位副手李经理却停职了。停职的原因仅仅是因为一个细节。总公司为了促销，定制了一批厨房刀具，凡是购买产品的人均可免费领取一份。这套刀具公司定价在70元左右，对外售价是105元。

李经理干了一件似乎"聪明"的事情，公司空调品牌好，性价比高，所以顾客不是冲着赠品来购买的。于是他扣留了这三个月来所有的赠品，以低价一次性地销售给了一家五金店的老板。老板乐呵呵地进了货，李经理也开心地收入了近6000元。李经理还真有点江湖义气，把6000元做了奖金，按职位大小进行了分配。连销售内勤都分得了200元，部门上下欢欣鼓舞，正策划着下一轮的促销品"套装餐具"如何处理。

赵总得知此事，不但没有表扬小李，反而让他停职待岗。按赵总的说法是，小李的行为极无商业道德可言，尽管他的钱不是私吞，但比私吞的后果还要严重。因为他在团队内制造了一种不良的风气，让全公司的人认为破坏顾客利益和商业规则是一件有意义和有价值的事。如果此种风气不刹，员工的职业价值观会走入误区，顾客的满意度会下降或丧失，公司的品牌会受到影响。

李经理的停职令我痛惜，但员工的职业道德建立与对企业忠诚度的正确理解，是我们使用员工的首要门槛。

在职业经理人的思维意识中认为无伤大雅的行为，或许已经超越了企业的"雷池"。之所以外资企业非常重视对员工道德与企业价值观的培训，是因为这将决定着员工未来行为的导向。

没有底线的老板是可怕的，但无法识别出老板心理底线的职业经理人是可悲的。所以职业经理人应主动积极地去分析、了解、探知老板的心理底线，这将正确引导您判断自己是否真正找到了同"道"中人，也决定着未来的合作道路能走多远。

◎ 从"西安事变"看对老板的认同

文 / 姚小青 北京泰来猎头咨询事务所资深猎头顾问，心理咨询师

> 老板的一个底线是下属是否对自己认同、看得上。如果他心中感受到了下属对他的感情和认同，那么发生当面顶撞，争论得脸红脖子粗都不足以让他开杀戒。反之，如果和老板没有交心的交情，和老板顶撞后果就很严重了。

前段时间看西安事变题材的电视剧，触发了我对张学良和杨虎城不同命运的思考。

一次起义，两种命运

他们两人同时起义，发动了对他们的老板——蒋介石的政变。而结局是：张学良终身软禁，杨虎城事隔13年却逃脱不了被杀害的命运。对张学良来说，失去了一生的自由确实是很残酷的惩罚。但相比杨虎城，不得不说张学良要幸运得多。

如果真按责任大小来决定惩罚轻重，张学良的名字在这场政变后发表的各种声明公告中，一直出现在杨虎城之前。而且指挥政变的第一人还是张学良，蒋介石不可能不知道这一点，但为什么老板没有杀害领头人，对副手却事隔13年还是没有放过？

这是一个老板对自己的两个下属不同的底线。

虽然政治圈和企业界的生态环境不完全一样，但是说到底都是在一个老板的地盘里。从外在环境和当时风云变幻的政局来分析这一问题的文章已经很多，但究其根源，我认为从心理角度分析更为妥帖。

因为，对身为老板的蒋介石来说，这场政变不是一次简单的政见不和与抗命，而是对自身尊严和人格的严重刺激和侮辱。作为当时国家的领袖，受此奇耻大辱，他不可能心平气和地看待这一事件。

左右着两人的命运的，实际上完全是这位专制者的心态变化。

那么，就让我们从杨虎城之孙杨翰的《杨虎城大传》和张学良接受的几次采访，以及相关史料中来探索蒋介石的心态变化吧！

蒋介石挽不回面子，动杀机

西安事变后，作为当时中国的实际控制者，蒋介石最重要的是挽回他的面子和形象，放大了说也就是"人心"——被全国人民重新认同和接受的心理，而共产党当时正与国民党争夺"人心"。

但好像没有人理解蒋介石这个心思。杨翰的传记里的信息显露，当时蒋多次让手下官员和杨虎城协商，让杨对外宣称是共产党策动了西安事变。这样西安事变就成为了国民党和共产党之争，蒋介石就可以在历史和人民面前雪耻：他不是不爱国，不是不抗日。可是杨死活不认这个账："历史会证明蒋先生做错了还是我做错了，我就是把牢坐到死也是这个态度。"恰恰就是这个态度让蒋介石起了杀心。

张与蒋是"交心的兄弟"

但张学良也从来没有说过这场政变是共产党策动的，也没有配合蒋介石，维护蒋介石的面子，为什么他就没有被杀害呢？

合作：心理底线，一碰就死

很多人说张学良是张作霖的儿子，老子虽死还需要笼络部下；也有说是宋美龄的帮助，宋美龄与张学良的友情起了更大的作用。但从史料来看，我认为蒋介石对张学良率性的认可起了至关重要的作用。

张学良和蒋介石是拜把子兄弟。张学良在蒋介石辞世时送上的挽联是："关怀之殷，情同骨肉。政见之争，宛若仇雠。"事变之后，张学良不顾众人阻拦，非要亲身送蒋介石到南京，都是在表达他对蒋介石的感情。蒋介石通过他对张学良个性的了解，也多次说过"张学良是上了杨虎城的当"，也许这是他自欺欺人，但从中可见两人只是政治观点不同，张与蒋对彼此没有人格人品上的讨厌和否定，也因此他们一直维系着兄弟感情。

张学良的情感丰沛，情绪也亦冲动，他说："在家靠父亲，父亲不在了靠大哥，大哥就是蒋介石。"他的义气使他完全交心给蒋介石，把他当作大哥一样的家人。不管蒋和他在政见上有怎样巨大的分歧，他对蒋的情感都不变。这种情感使他在已经触及了老板的底线时，还能保住自己的性命。这种情感其实也就是他接纳了蒋——情感上无条件地接纳。

杨对蒋人格上的讨厌断送了性命

而杨虎城对蒋介石呢？他尊称蒋先生，可是内心里的看法呢？

杨翰的《杨虎城大传》透露出，杨将军是极有城府的聪慧之人，他清楚自己所要，最注重要达成事情的结果。

有这样一个段子，张学良带领东北军刚到西安之时是很瞧不上杨的，杨就是一大老粗，不像他出身高贵，是上不了档次的。杨虎城对此怎么做的呢？有一次他请张学良检阅他的十七路军，阅兵之后他讲话说知道刚才阅兵的是谁吗？是张学良，张作霖的儿子。张作霖是谁？张作霖是咱们过去的革命对象。讲了这番话之后，张学良对他刮目相看。他知道对张学良的性格，需要用这种折杀其傲气的方法来赢得他的认同。

从他对蒋介石"蒋先生"的称呼，以及他说"历史会证明蒋先生做错了还是我做错了"的态度，可看出杨和蒋介石一定是面不合、心也不合的，这个心不合就是他已经讨厌蒋介石的为人了，他不接纳蒋介石，套用一句心理学流行语就是——他不是无条件地接纳他。

政见、意见可以不同，可是一旦从内心里已经讨厌老板了，完全否定了老板的人品，那么做老板的人能完全感受不到吗？即使你再会表演，你也绝对演不出张学良那样的真情来。老板的一个底线是下属是否对自己认同、接纳。如果他感受到了下属对他的感情和认同，那么诸如当面顶撞、争论得脸红脖子粗等都不足以让老板动杀机。可是如果和老板没有交心的交情，还在很多方面看不上老板，那么就要小心了，可不能随随便便地和老板顶撞。

◎ 怕的是失去影响力，而非权力

文 / 蔡丹红　杭州蔡丹红管理咨询公司董事长

尽管老板回过头来想收回曾经放出去的权力，不过实际上这不是问题的核心，他真正在乎的是他的影响力。

对那些疑心重重、小肚鸡肠的老板来说，他们可能处处是底线，一不小心就可能获罪，聪明的职业经理人无须委屈与其谋事。但那些有宏图大志、心胸开阔的老板，他们难道就没底线了吗？

他们不是没有底线，而是不会轻易亮出底线罢了！

千万不要以为所有老板的底线都是为了获得权力，在乎那数百元、数万元，或者上千万元的审批权，以及对用人的拍板权。有些老板的底线不是这些具体的东西，而是个人的影响力是否受损！

老板突然收权

夜深人静时分，我已关灯上床，迷糊中电话铃声响起。是谁呢？这么晚了，还给我电话。

电话那头的声音显得焦虑和不安："蔡老师，真对不起，这么晚了，还打电话给你。"原来是一个我正在做咨询服务的企业的营销副总打来的。但他打电话不是为了他自己，而是为了他的直接上司、将他一手提拔起来的"恩人"——营销公司总经理。副总告诉我，情况很不好。这段时间董事长亲自担任了集团的总经理，直接插手营销公司的运营，亲自指挥各分公司，营销公司总经理的权力大多被剥夺，基本属于靠边站。因此营销老总十分痛苦，准备明天辞职了。

我一听，吃了一惊。我了解这个企业，了解这个老板，也了解这个营销老总。5年前，他被老板从一个政府机关引入企业，带领销售队伍从1个亿做到了20多亿，立下了赫赫大功。我告诉年轻的副总别着急，我马上打电话给营销老总。

电话里营销老总的声音确实非常沮丧。他不是个倾诉型的人，也没说什么。但寥寥数语已足以让我做出判断，毕竟我在这个企业做咨询，上下左右都访谈过，我了解老板现在的心态。这是一个非常睿智的老板，事业心很强，自我的目标定位也很高。因此他能够广纳贤才，不拘一格地起用人才。他的事业是很成功的，已经得到了社会广泛认可。如今他的产业已遍及多个行业，随着事业的发展，他本人早已脱离具体的业务经营，专注于集团的宏观决策以及对外的公共关系，因此营销系统的大小事务基本上都是营销老总说了算。而营销老总也不辜负他的期望，近几年来业绩一直很不错，威望与日俱增。但是，为何在公司营销诸事万般纳入轨道，发展得顺风顺意时，老板突然一个回马枪，亲自管理营销，把立下赫赫战功的营销老总冷落在一旁呢？

收权是表象，在乎的是影响力

以我的经验和对他们企业的了解，我认为造成现状的主要原因是营销老总这几年的贡献太大，在企业里的威望日益增高，而老板则疏远了具体业务，对企业的影响力日益缩小。营销老总好比是一棵"树"，老板好比是"太阳"。而如今大家所看到的都是"树"的形象、"树"的成就，忘记了"树"后面的"太阳"，老板当然害怕了。传统上人们把这个现象叫作"功高盖主"，无论哪个

"主",即使伟如当世明君,也都不愿意这样的事情发生。尽管老板现在回过头来亲自对大小事进行审核批准,似乎要收回曾经放出去的权力,但我认为,实际上权力不是问题的核心。老板即使短期内收回权力,但从集团目前的规模和老板的志向看,他是不会再回到具体的事务堆中去的。干过一段时间后,他马上会厌倦——已经发展到资本运营阶段的老板兴奋点不在这里。此阶段的老板在乎什么呢?他真正在乎的是他的影响力。

一个相信自己对企业具有绝对影响力的老板,可以将企业的运营委托给一个精明的职业经理人,自己退居二线。但他绝对不允许在退居二线后,他对企业的影响力屈于职业经理人之下。这种影响力本质上是一种对其思想的作用力的价值认同度。老板可以将几十万的合同交给职业经理人决策,但必须确保他这个签字权随时可以收回,因为大家还是听他的,大家相信他的权力才是最正宗的;老板可以允许职业经理人在恰当的范围内被认同,但这种认同只能是服从于该职业经理人带兵打仗之用,超出这个范围,老板就不允许了。老板必须确保企业上下、媒介、政府与经销商都将企业的发展看作是他英明领导的结果。

在这样一个层面上的老板,只将具体事务上的决策权力的运用视为工匠之技巧,而他最在乎的是企业之"大道"。"大道"是他设计的,有了"大道"才有了今天的"大德",所以需要歌功颂德时只能想到老板。

高举"毛泽东思想",让老板心安

而现在这家企业老板丢失的正是他的影响力,而不是他的权力。所以我的建议是:在老板执政这个阶段,营销老总要做到放心、舒心、安心,毫无怨言,毫无负面情绪。这样一旦老板插手业务后发现他的威信威望没有受到任何影响,他对企业的影响力丝毫不减,江山还是他的江山,同时发现公司运营得不错，营销老总一片公心，尽责尽业，他就会改变态度。如果在他执政时期还能体会到这个立下赫赫战功的大将军仍然无怨无悔，他甚至会缩短执政周期，早日还政于营销老总。但如果他看到被剥夺权力的营销老总怨气重重，聚集他的亲信部下喝酒撒疯，那结果就相反了。所以我劝营销老总千万沉住气，不得有半句怨言，不得有情绪，积极地配合老板的工作，等待老板的转变。

果然不出一个月，老板不仅把所有的权力还给营销老总，还将营销公司的管理边界扩展到采购、生产体系，营销老总变成了实际上的总经理，原来落在半空中的"营销为导向"开始真正地落实下来。老板则继续安心地当他的董事长去了。

对于一个创业成功，企业已比较成熟、规模壮大，享有盛名的企业老板来说，心理底线不在于具体事务的决策权力上，而在于他的思想对企业的影响力上。与这种类型的老板共事，一定要学会高举"毛泽东思想"。但在具体事务的处理中不必要"早请示，晚汇报"，否则老板会觉得你无能，没有魄力。说穿了老板此时要的是"名"，戴大红花的机会千万要给老板留着，如果你认为自己辛苦打下的田地应该自己来收割，那就危险了。

合作：心理底线，一碰就死

◎ 可以犯错误不能抢风头

文／林景新 资深公共关系顾问

> 在一个场景中，老板虚怀若谷地容忍了下属犯错误；而在另外一个场景中，即使下属取得了好的工作成绩，老板也无法容忍下属好大喜功，更不能忍受下属功高震主。

我来讲一个亲历的故事，一个职业经理人遇到了怪事：当他在业务上犯了重大错误的时候，总经理愿意为他默默地背负董事会的责难；但是在他工作出色，正想大展拳脚之际，总经理却又将他"扫地出门"。

逃过明线，又踩暗线

我曾供职于广州某大型企业集团，其主体为国有企业，内部结构复杂，导致机构臃肿，关系错综复杂，是一个典型的讲究"公司政治"的场所。

那一年，公司准备上市但缺乏国际化人才，董事会决定打破常规，从外部引入一名具有国际背景的人才。从外资企业被挖角过来的高级经理人张冲成为了公司的市场总监。

作为张冲的搭档，我与他在工作上互相配合，共同向总经理汇报。我在企业多年，深知公司政治凶猛，所以在张冲入职第一天，就坦诚地提醒他国企与外企文化大不相同，关系之复杂超乎想象，建议他在开展工作之前，有必要先熟悉、研究一下国企的企业文化与公司政治，特别是摸清老板的底线与喜好，以便日后更好地在这里发展。

张冲一口回绝了，他明确地说是来搞市场的，不是来搞政治的。

由于张冲出身显赫，而且又是董事会所器重的人才，所以总经理也对他很敬重，他自然成为公司里最有影响力的人物之一。虽然职位只是总监，但在许多方面张冲已经可以与公司副总经理平起平坐。

在员工大会上，总经理数次向各部门的负责人强调了他对张冲的信任与重视，并表示自己也会全力支持张冲的工作，希望他大胆开拓、不必顾虑。在这个层级众多、官僚体制严重的企业中，总经理如此史无前例地坚定支持一个"外来和尚"，这实在让人有点惊讶，许多人在猜疑：张冲的到来是否让公司的政治都发生了颠覆性的改变？

总经理屡次公开表态支持让张冲感觉到热血沸腾，他不止一次向我说，完全没想到总经理对他如此授权与器重，也没想到一家老牌国有企业的公司文化可以与外企一样开明，他一定要知恩图报地尽力去拼搏。

我内心充满困惑，一方面是对总经理有点反常的"大方授权"有些不解，另一方面又为张冲对"大方授权"的简单理解而捏汗。

在接下来一年时间，张冲进行了许多市场革新，基本将他以前所在外企的那套成熟的运营模式搬到了现在的公司，取得过一些成绩，也造成过不少失误。不过，对于一些因张冲一意孤行而造成的失误，公司不少人都有怨言，但总经理对张冲却是抱以信任及鼓励的态度。

第二年，公司在筹备十一黄金周的销售大战期间，广告、公关、销售几大板块都紧张地筹备着。在拟定整个推广计划之后，张冲突然提出新的建议，他认为今年的销售形式有变，所以要启动全新的销售推广手法，他的想法几乎否定了所有人前面的工作，而且由于从未有过先例，所以存在不小的风险。

总经理虽然不太同意在如此匆忙的时间内进行全盘调整，但看到张冲如此自信且执着，也就勉强同意了。

自信并不代表就能成功。张冲的方案失败了，公司损失惨重，业绩相对去年同期下降20%。董事会将公司所有高管拉过去责骂，出乎意料的是，在董事会严厉的责问面前，总经理竟然一口将所有责任承担了下来，替张冲扛过了这一关。

总经理的"完美表现"让许多人大跌眼镜。总经理并不是一个完美无缺的领导，我知道他有他的忍受限度，他有他用人的底线，张冲的一次次失误显然是还没有触及那条"看不见的线"。

总经理的宽容与开明，让张冲更有士为知己者死的冲动。转眼到了年底，在另一场市场大战中，由于策略制定得当，公司取得了显赫的战果。在盛大的庆贺晚宴上，张冲喝了很多酒，酒酣耳热之时，当着很多人的面说："看到了吧！公司没有我是不行的，要是我升职了肯定可以干出更大的成绩……"

许多人都附和着，谄媚之态更让张冲飘飘然。

总经理的脸当时就黑了。

一个星期后，在一次公司大会上，总经理第一次把张冲不留情面地训了一顿。三个月后，总经理找了个冠冕堂皇的理由，让张冲"体面"地离开了公司。

一个可以容忍下属犯错误的老板，却无法容忍下属好大喜功，更不能忍受下属功高盖主。老板这一条"无形的底线"，让以为自己可以无所顾忌、勇往直前的张冲，彻底翻了船。

老板底线与公司政治

许多热血职业经理人都与张冲一样，认为自己来企业是搞市场或搞管理，绝对不是来搞政治的，可惜这种想法往往会变成一种职业理想主义。虽然许多职业经理人都深恶公司政治，但是作为公司的一种附属物，你可以厌恶、蔑视它，但是你无法回避它。

相对于老板愿意主动宣扬的价值观、个人愿景等"明线"，老板的底线往往属于其不愿意明说的"暗线"，这条"暗线"需要经理人仔细地观察与分析才能知道其所在。

那位总经理在张冲犯错时主动来承担错误，是因为他掂量了代价——虚怀若谷地为下属顶罪，从一个侧面证明了他的伟大。但张冲真以为遇到了开明的老大，无所顾忌，恰恰踩到了老总的底线：你可以犯错，我也可以为你扛下来，但你一定一定不能抢我的风头！

老板的底线虽然属于"隐形的翅膀"，但也不是完全无迹可寻。与了解一个人的品格和为人一样，探寻老板的底线同样需要深入的洞察与分析。在这个过程中，老板身边的人、老板的言语与喜好以及和企业中的老员工进行交流，都是摸索老板底线的重要路径。

合作：心理底线，一碰就死

◎ 滥用私人关系很危险

文／丁力 专职作家，曾任多家公司董事长、总经理

有人的地方就会有关系，工作关系比较简单，私人关系比较复杂。一个有智慧的老板通常不希望企业里私人关系泛滥，潜规则盛行，是非不断。

我从事商业活动的十多年时间里，既给老板打过工，也自己当过老板。所以，既被老板炒过鱿鱼，也炒过下属的鱿鱼，甚至还炒过老板的鱿鱼。而一旦发生炒鱿鱼事件，肯定是老板的心理底线被踩到了。

在企业里，自己与同事，与老板之间，除了工作关系外，私人关系也不可避免。但私人关系又是老板们一个敏感的关注点，如何善用，而不滥用，很可能就是老板的心理底线所在。在这里，我想用自己的亲身经历举几个例子。

总裁建立了"小王国"

在职场飘荡了几年后，我进入了海南一家股份有限公司。该股份公司虽然并没有上市成功，却通过买壳和做壳控股数家上市公司，曾经在中国资本市场很有影响。我们先称其为 A 公司吧。

A 公司的老板是吉林人，但公司的主要骨干却是四川人。因为总裁是四川人，所以副总裁、财务总监和各主要部门经理都是四川人，而且他们多少都与总裁沾亲带故。我应聘的职位是公司 CI 部经理，但录用之后却没有正式

上任，因为该部原经理是总裁老婆单位领导的公子，本来说好他要走的，所以才招聘我来，我来了，他却又不想走了，搞得大家都很尴尬。

此时我已经很有经验了，一看这种情况，就知道总裁干不长了。不是因为一个 CI 经理的问题，而是职业经理人在公司内部建立自己"小王国"的问题。公司是老板的私营企业，能容忍他聘请的总裁建立自己的"关系网"吗？果然，此后不久，老板因为总裁夫人私下炒卖职工内部股票的问题而对总裁工作进行了"调整"。把他"调整"到了一个他根本就不能接受的岗位上去。

总裁当初很不服气，公司并没有上市，在当时的监管制度下，自己夫人买卖职工内部股票并不是原则问题，虽有不妥，但也不至于令老板大动干戈。我想，那位总裁现在应该明白了，当初突破老板底线的并不是夫人炒卖股票，而是总裁本人在企业内部建立了一个以他为中心的"阵营"。将心比心，如果是总裁自己当老板，他能容忍自己聘请的经理在企业内部建立一个以经理为中心的"阵营"吗？

企图利用老板之间的矛盾

在很多情况下，企业不止一个老板，而几个老板之间往往存在矛盾，作为职业经理人，千万不要自作聪明地企图利用老板之间的矛盾，否则，就突破了老板的心理底线，肯定要被炒鱿鱼。

我在 D 集团华南投资公司担任董事长期间，在很多方面和总经理的意见并不一致。当时作为总经理助理的万小姐既想讨好我，又想讨好总经理，于是在我面前反映总经理的问题，令我很反感。我马上就想到了两个问题：第一，你能在我面前说总经理，也完全有可能在总经理面前说我；第二，作为总经理的助理，我没有主动问她，她却主动向我反映总经理的问题，不是人品有问题，就是喜欢搬弄是非，无论属于哪一种情况，都是我所不能接受的。

所以，她走后，我马上打电话把总经理叫过来，让他换一个助理。总经理问为什么？我点了他自己的几个问题，并告诉他："我不会有兴趣主动打听这些事情，完全是你的助理刚才主动向我汇报的，你说这样的助理是不是该换？"总经理脸色红一阵白一阵，立刻就说："其实我和您之间没有任何矛盾，最多就是工作上看法不完全一致，这是很正常的。假如除此之外还有其他误会，那么肯定是这个万小姐搞的。"

被总经理炒鱿鱼的万助理又来找我，说总经理公报私仇，要炒她，让我为她做主。我真想告诉她：老板之间为了缓和矛盾，有时候正想拿你这样的人当礼品，这时候我能替你说话吗？可是，我当时并没有这样说，而是说："我与他意见不合你是知道的，如果这时候我替你说话，不但不会起正面作用，而且还要起反作用。你先走吧，我会记着你，等到将来有机会再说。"

炫耀自己与老板的特殊关系

企业里有很多人与老板有特殊关系。家族企业自不必说了，就是非家族企业，也有一些员工甚至高管与老板本人有特殊关系。从管理的角度考虑，老板希望一视同仁，当然不希望某些人仗着他与自己的特殊关系而获得某些特权。从个人的角度考虑，老板也不希望部下与他"平起平坐"。所以，凡是老板，也都不喜欢部下特意炫耀和夸大他们之间的特殊关系。

但炫耀是人的本性之一，现实生活中有太多的人喜欢炫耀自己和某个大人物的特殊关系。在一个企业内部，老板就是最大的人物，一般员工或管理层如果要想炫耀，那么炫耀自己和老板的特殊关系最能得到一种满足。殊不知，老板是最不喜欢部下这种做派的，特别是他和老板的关系是特殊中的"特殊"的时候，更加如此。

我在武汉做娱乐城的时候，刚开始是给一个老板当总经理。有一次，老板的一个朋友来找我，希望我给他安排一个职位。我觉得很奇怪，他是老板的朋友，如果安排职位，直接找老板不行吗，干吗还要找我？因为疑问，我没有当场答应或不答应，而是暂时敷衍了一下，然后给远在海南的老板打电话，向他请示。老板一听，立刻否定，并暗示我少与他那个朋友接触。我没有问为什么，而是照老板的指示办。第二天，老板的那个朋友又来找我，我说："老板有交代，凡是他的亲朋好友，我没有权力做任何处理，既没有权力炒掉其中的一个，也没有权力安排其中的任何一个，所以爱莫能助了。"

后来我才知道，老板的这个朋友是"难友"，就是当年一起坐牢的"朋友"。这样的朋友，老板当然不希望他在公司任职，况且这个"难友"绕开老板直接来找我，已经有炫耀或拉大旗当虎皮的嫌疑了，老板当然相当反感，不给他在公司安排职位是必然的。

合作：心理底线，一碰就死

◎ 不要成为员工抱怨的领头羊

文 / 刘林 金讯集团山东分公司企划总监

> **当老板难堪的时候，要及时站出来终止会议或捍卫老板的尊严。此类老板的底线是：公开场合一定不要让他难堪（有些错误，你跟他面对面提出来是没有任何问题的）。**

谈起这个话题，其实是很沉重的。我从普通员工做到了策划总监，其中辛苦自然不言而喻。可恰恰由于突破了老板的底线，惨遭出局，说来无比心痛。可老板也是人，换位思考一下，假如我是老板，那么未必比人家的底线更宽。

我曾经工作的一家公司属于民营企业，老板三十出头的年纪，脑子灵活，追求时尚和品位，花钱大气。公司在北京选择了著名的写字楼作为办公室，从电脑设备到办公家具乃至老板个人使用的物品都是高档货。

本人供职期间担任策划部经理，由于公司规模不是特别大，加上我是跳槽过去的，因此深得老板的器重，除了负责策划部工作之外，对于人事、行政甚至财务的事情，老板都会让我参与提意见。因此，实际上职务更像老板的幕僚。

公司主要从事通信产业，面对同行的激烈竞争，老板给了我足够的权力，我也不负所望，拿下了众多让人眼红的大客户。可以说，在公司我真正做到了如鱼得水，但就是这样美好的前景下，自己触犯了老板的底线，最终出局。

我组织了一次员工与老板的"恳谈会"

公司采用的是扁平化管理，除了我所在的策划部之外，其他部门基本都是由老板亲自挂帅掌管。大到战略决策，小到领用一支圆珠笔笔芯，全部事情都是老板具体经办。从这一点也看出实际上公司就是一个个体民营企业的典型模式。

由于老板管的事情实在太多，因此处理问题和工作上会有一些不及时，这样一来，员工就产生了许多情绪。

比如，因为老板出差，耽误了重要客户会见；再比如，临时口头吩咐的工作，没有引起员工重视，之后老板问起来，员工还在等待办公例会上正式的工作通知。这样的事情隔三岔五就会发生，老板埋怨员工执行不力，员工反过头在心里认为老板下达的任务不明确。

鉴于此种情况，许多员工联合起来找到我，要求举行一次恳谈会，和老板进行交流，同时为自己讨回公道。

没有经过仔细考虑，我就认为这只是员工对企业和老板负责的行为。于是，我便把员工们的意愿传达给了老板，并且恳请老板答应举办恳谈会，大家开诚布公地进行一次交流。老板答应了。

"恳谈会"转为"批斗会"

会议安排在一个周五下午下班之后，开会前老板的心情还是不错的，答应会后请大家共进晚餐。全体人员落座之后，老板做了个简短发言，意思是希望大家今天踊跃提出工作中的问题，以便能够拿出改进措施。同时，老板安排我进行会议记录，并表示把会议记录在会后整理出来，传达到每一个参会人员。老板说这是体现公司民主的一次重要会议。

会议的前十分钟还进行得非常有秩序，因为前十分钟发言的是财务部门、

合作：心理底线，一碰就死

行政部门和我带领的策划部，前两个部门的员工大多是老板的亲戚或朋友，平常和老板交流比较多，所以，大家的问题也都是些"公司效率可以再提高一步""员工考核可以更加完善"之类的锦上添花的问题。而随着设计部门小王发言指出员工加班频率过高，以及没有加班费的问题，设计部门和业务部门开始了针对老板的批评，其中业务部的某位员工，还说老板曾经无意中骂过他，说他是"笨蛋"，这等于侮辱员工。

整个会议马上进入失控的局面，员工们不肯轻易放弃这个难得的机会，纷纷把鸡毛蒜皮的小事情拿出来数落老板。开始老板还能回应："我以前这样做过？""我说过这种话？""这个问题以后会尽量少发生。"可到了最后，随着

员工细节性的批斗变本加厉地深入展开，终于有个员工提出："老板你要求我们8:30上班，可你总是不按点来，有事总也找不到你。"老板震怒地拍着桌子说："谁不想干，就给我走人！"说完老板愤怒地起身离开，临走前，我看到老板怨恨地冲我扫了一眼，而他走出去的那一刻，表情很狼狈。

大家面面相觑，我知道这次可闯下了弥天大祸。果然，第二天，当我去老板办公室汇报时，老板对我的态度格外冷淡。在招聘旺季到来的时候，除了老板的亲戚、朋友和我之外，参加过那次"恳谈会"的同事都逐渐被辞退，新人越来越多。

终于在一周后，老板给了我一份计划书，那上面写着：青海分公司筹建计划。

我不可能去青海，这是当初跟老板早就谈好的，老板用了个委婉的方式，逼迫我辞职。

对于年轻的老板，他需要他的高管公开场合时时刻刻与他站在一起。他做得对的，支持；他做得不对的，也要捍卫，这是老板一种不可置疑的态度。而在突发事件中，经理人的把脉是尤为重要的。此时的经理人，更像是皇宫里的大臣，什么时候做和珅或什么时候做纪晓岚，是需要高超的职场政治评判能力。有时候，单纯的业务能力并不能代表一个职业经理人在公司的地位，我们常常可以看到一些碌碌无为的经理人得到老板的重用，很多人对此不理解，实际上也许中庸的职业经理人就是老板更需要的权威捍卫者。对于老板而言，他真正需要的是保证自己那种"自我实现"方向的需求。

我出局的原因是主动组织了这次弹劾会，但主要原因还在于，当老板难堪的时候，我没有及时站出来终止会议或捍卫老板的尊严。此类老板的底线是：公开场合一定不要让他难堪（有些错误，你跟他面对面提出来是没有任何问题的），相对于他的尊严和地位，你所做的其他工作都是次要工作。

合作：心理底线，一碰就死

◎ 针尖上的薪酬

文/陈宇峰　任国良　浙江工商大学经济学院副教授

> "低基数、高系数"还是"高基数、低系数"，薪酬的制定越来越像一笔讨价还价的生意。俗话说，买的没卖的精。自己得了便宜，还算着卖的人能赚多少钱，是生意场上的大忌。

一年一度折磨神经的年底考核终于结束了。而对于马先生来说，明年薪酬方案的制订才是下一场战争的开始。

高管在和股东确定公司预期利润和高管报酬的时候，双方通常会为了自己的利益采取不同的策略。

站在"打工仔"角度的马先生，自然希望股东给出一个"低利润基数、高奖励系数"的薪酬补偿方案。原因就在于，这一方案能有效规避市场不确定性给其所带来的风险。

但是，股东也不是傻子，不会让你在公司悠悠然地白拿钱。股东也会从自己的角度出发争取最大利益，他们更偏好于"高基数、低系数"。

当双方进行讨价还价的时候，管理方会将"压低基数"作为谈判策略，从而来抬高系数。如此一来，双方最终博弈的结果很可能就流向了"低基数、低系数"这一"双输"结果——本来应该是"低基数、高系数"，现在却变成了"低基数、低系数"的激励不足合同；并且由于激励不足，很有可能会导致高管在法律和道德风险上的边际成本大大升高。

于是马先生代表高管团队和董事会开始讨价还价。

股东开出一个 30 亿的利润基数和 20% 的超额奖励系数。马先生肯定不会接受这一方案，30 亿这么高的利润基数，完不完得成的确是个大问题。况且，即使拼死拼活完成了 30 亿，那么整个高管团队也只能拿到 2000 万的奖励。一群人冒着丢小命的风险去抓一头大金牛，而自己只能从牛身上胡乱抓下一把毛。这把毛还得给手下的小弟分了，剩下的才能装进自己的口袋。资本家还真是不一般的抠门。

心里虽然这么想，但马先生肯定不会这么说。他先列举出一大堆公司面临的经营困难，他和他的团队怎样怎样不容易，市场的开拓多么多么困难，竞争对手究竟有如何如何强大。很显然，马先生的口才非常不错。

虽然没把股东们说得一把鼻涕一把泪，但也让股东们有了些许恻隐之心。见股东们在那里沉默不言，马先生就乘胜追击，使了一招"声东击西"之计："而且，你们给出了一个 20% 的超额奖励系数，也忒低了点。我们的心理价位至少要在 70% 以上"，"我们拼死拼活地干了一年，你们又把基数定得那么高，还让我们这些打工的怎么活啊。大家不如互相退一步，折中 50% 吧！这样，大家都能接受"。不过，他心里还是希望股东能把利润基数压得低一点。毕竟，此时的市场有很大的风险，经营必须谨慎。更何况，去年那么辛苦也才盈利了 20 亿。今年全国各地都还在闹通货膨胀，不降反升，定了 30 亿这么高的基数，就是神仙也不一定能够完成如此大的利润飞跃。最后，经过一番激烈地讨价还价，双方以 25 亿基数、50% 系数成交。

有了这一目标，脚下的路自然宽敞了很多。这一年，老马和他的高管团队使出浑身解数，大干特干，公司的盈利从去年的 20 亿飞跃到了 40 亿。到年底分钱的时候，老马掩盖不住心中的喜悦之情。如果按 50% 的奖励系数来算，他的高管团队去年净挣 7.5 亿大洋。作为带头大哥，老马自己也能分上

6000万（再分多了，今年的公司年报该怎么交代啊）。

于是，股东见了老马说："老马你也太不厚道了，把利润基数压得那么低，系数提得那么高，从我们手里拿走了那么多钱。"

老马辩驳道："我怎么知道今年的收成这么好啊！人们亲自跑到公司来买保险，闲置资金投资股票，一天一个涨停板，钱想不赚都难。再说，一开始我们不是都已商量好了'25亿基数、50%系数'的吗？这是你情我愿的事情。到现在，您可不能怪我，怎么说我也是累死累活地干了一年，总得赚点孩子的奶粉钱、老婆的化妆品钱吧！不然，你还是把我解雇，另请高明，看他能不能给你一年挣40亿利润，利润翻一番。"股东们吃了个哑巴亏，打掉牙也只能往肚子里咽。

过完年回来，老马的心情不错，想故伎重演。不过，一向聪明的老马也知道，股东们也不是冤大头。上次的招数肯定不管用了，这次要换新招。谈判桌上，大股东李先生马上迫不及待地说话了："老马，今年你可不能像去年那样，拼命地把基数往下压，结果搞得我们没得几个子了。"老马就接过话茬说："去年盈利了40亿，今年金融危机更加厉害了，我们今年利润完全不可能做到去年那样了。我看这样吧！定35亿的利润基数，我们经理层今年要比去年干劲还旺，尽力赶超自我。如果没有做到35亿，我甘愿带头拿合同里规定的月薪1万元的固定工资。当然，利润基数对我们来说难度这么大，所以我希望公司能给一个70%的奖励系数，这会给我们一个很好的激励，鼓励我们努力工作。"

其实，老马在心里早已打好算盘：去年刚上了几个项目，还没开始盈利，今年估计下半年这几个新项目就能给公司赚十几个亿。今年即使保险卖得再怎么不好，创个35亿元的利润，应该没问题的。再不行，账面上平滑一下收益，年报数据上再做下文章，肯定能搞定了。定70个点的奖励系数，到年底我怎么也能拿个 5000 万元。没想到两年之后,自己也成了亿万富翁,真是运气棒!

梦还没做完,张股东就发话了:"老马,你的努力在大家眼中是有目共睹的。你是经营公司的专家。公司明年到底能赚多少钱,你最有数。我看还是这样吧!定 35 亿也好,50 亿也好,由你自己来定利润基数,我们会在你定的基数上给你一个 10% 的让步。比如说,你认为明年能盈利 30 亿,让步 10% 那我们就把基数定在 27 亿。如果明年超过了 27 亿,做到了 30 亿,超出的 3 亿我们就作为奖励 100% 的给你和你的团队。这应该是对你们的莫大鼓励吧!但是,如果你今年报了 30 亿,结果年底做到了 40 亿,那我们也要对你少报部分按照 95% 的比例进行罚款。比如,你报了 30 亿,结果盈利 40 亿,我们就罚掉 9.5 亿。那么你得到的就是达标 27 亿后 3 亿纯利的奖励,再加上多出 10 亿的 0.5%,总共 3.5 亿的利润。"

张股东推了推老花镜,故弄玄虚,接着往下说,"这样,你既不会激励不足,也不会欺骗我们。报多少,你自己看着办。我们还是那句老话,你是公司掌舵人,你最清楚明天能盈利多少。"老马回去合计了一番,明年撑死了也只能赚 50 亿而已。如果我报 50 亿,才拿 5 亿。如果报个 20 亿,我才拿 3.5 亿,比报 50 亿拿得还少。索性多报点,我报 70 亿,再利用这一方法合计一下,那一分钱也拿不到。股东们怎么一下子学精了呢?看来今年只能报 50 亿了,自己拿五六千万的好日子就这么过去了。

一打听,这才知道这些股东今年请了一位有名的经济学家 X 教授来做他们的私人顾问,制定了一套新的薪酬奖励机制。他的想法是通过引入一个"少报受罚"的机制,这就可以成功诱导老马报出公司的实际利润基数。

很显然,这一方法让爱玩道德风险游戏的高管无法继续玩那些小伎俩,解决了委托代理过程中的逆向选择和道德风险问题。定的基调就是,你赚再

合作：心理底线，一碰就死

多，作为股东也只能分给你全部利润的 10%，至于其他的，您就别惦记卖的人赚多少钱了。如果你盘算于账面游戏中不再卖力，那么对不起，你已经不是个合格的职业经理人了。

◎ 当"宋江式"底线遇上"华盛顿式"底线

文／周仲庚 新加坡华点通集团董事局主席

> 如果你遇上一个不知秦皇汉武，不知"功高震主"的新时代老板，而且他根本不能欣赏你为了效忠他而"相忍为国"的付出，你又如何与他"国际接轨"？

中国传统老板的心理底线，电视剧中都已经诠释演绎得差不多了。秦始皇、汉武帝、康熙、雍正等历史题材的电视剧，令21世纪企业员工看得啧啧称奇："对，我们老板上礼拜处理那件事的手法就跟康熙爷差不多。""一点不错，我们副总被砍下台的理由和吕布如出一辙。"

既然已载入史册，那就不多说了。倒是亨利八世、路易十三、拿破仑、华盛顿这些"老板"的心理底线值得谈谈。

国际接轨撞上传统底线

其实我并不真正了解这些西方政治人物作为领导的心理底线，这样陈述不过是要点出一个可能还未被中国企业员工重视的未来。

随着企业的国际化，越来越多人将面对的老板将从未听说过秦始皇、汉武帝、康熙、雍正，甚至连中国成语诸如"功高震主""树大招风""出头椽子先烂""君子报仇十年不晚"都听不懂。这样的老板的心理底线是什么？万一他根本不理解你的用心，不欣赏你为了效忠他而施展的组织政治艺术，你如何与他"国际接轨"？如何令他看到你的"相忍为国"或"曲线救国"？

我举一个实例。

我在新加坡的一个高中同学，华人，华语底子呱呱叫，高中毕业后到美国念大学，学的是机械工程。他大学毕业后，前往底特律汽车城，就职于一家专门为通用汽车设计零件的公司。他是个优秀人才，6年时间就升至总经理，掌管这个有60余名工程师的企业。一次在洛杉矶聚会，他叙述了一段雇佣中国工程师的经历。他说："我尝试雇佣了几个留学后留在美国的工程师，弄得我烦得很。美国本地的工程师每次谈薪水时都据理力争，一旦谈定了，合同期内无论贡献多大，绝不会再来和你谈收入的事。中国来的工程师却不一样，雇佣时什么都不争，但人进来后有一点小成绩就开始用各种机会告诉你他生活中的难处，暗示你可以考虑为他调整薪水了。他也从来不走进你办公室正式地提要求，而是饭桌上聊天时提那么一两个暗示，走廊上甩出一两句话，连上厕所时正好站在你旁边都不放过机会。"

两年后我又遇上这位总经理同学，他告诉我，为了省心，他已经不用中国来的工程师了。

中国来的工程师已经触及这位新加坡背景的总经理的心理底线了！

还有一个小故事。

我曾与一位上海奥美广告的业务总监交往过，他来自台湾。才上任6个月，他就苦笑说："大陆员工好奇怪。我在台湾大学毕业后第一个工作就是进入奥美广告，由底层干起。那时，我们老板是海外派来的，薪水是我们的十倍都不止。一开始，我很不服气，因为那外来老板其实也不怎么样，凭什么他就拿比我高十几倍的薪水。但很快我念头一转，这样的人在奥美里都能拿到这么高的薪水，只要我努力，干得比他好，我肯定能拿比他更高的薪水。现在我被公司派到上海，我的下属薪水只有我的十分之一，我企图鼓励他们，但最后发现，他们的基本价值观是：'既然我只拿你十分之一的薪水，我只要干你十分之一的活就对得起公司了。'"

上海员工触及了台湾外派老板的心理底线！

我来中国的第四年，大约是1997年，某日一位二级主管的一番话令我沉思不已。她相当有才气，干活没话说，在任何中国企业里都称得上好员工。单独聊天时，她突然说了一段令我一时很难会意的话。她说："老板，你虽然来了中国很久，但我发现你还不了解中国员工。中国员工你只要看重他，他替你卖命都可以。公司里其实有很多这样的员工，但你没有重用他们。"她不是在谈待遇，也没有直接说她个人，我当时就谢谢她，然后回家思索。一阵子之后，我理解了她表达的是一个普遍的道理：中国用人才、留人才的枢纽在于义气、感情及良心，好像《三国》《水浒》中描述的那样，识货的头颅都可以卖给你，不识货的我也不屑向你效忠。

道理明白了，但技能及管理价值观却跟不上。由于我没有进一步的积极表态，这位能干的主管不久后就失望地离开了。

我触及了她的心理底线！

老板与员工的底线漂移

在中国做经营管理的十几年当中，每一年我都看见穿着甚至谈吐内容都已经与国际接轨的年轻员工走进我们队伍。当他们走进书店或上网时，最吸引他们的是美国现代管理思路的书籍。但当事情发生时，我可以清楚地感受到他们对领导"宋江式反应"的渴望，以及对"康熙式手法"的预期。一年之后，当他们察觉这个环境中其实没有宋江、康熙之后，有些人开始充分掌握了新的游戏规则，也有些人开始"填补空缺"，在组织里做起了宋江，另有些人因为认为没有宋江、康熙的组织就没有前途而选择了离开。当然，也有人勤勤恳恳地"服从组织安排"而成了中坚骨干。

　　十几年过去了，在我今天接触到的民营企业老板，甚至国有企业领导中，越来越多人开始企图摆脱三国、水浒式的老板心理底线，他们渴望与员工之间建立一种新的互动关系，但大环境中的因素，包括政商关系、职场伦理、法治基础薄弱、市场狼性结构等等，令他们难以以身作则。另一方面，广大员工对传统的老板心理底线的预期，形成了一种由下往上的传统组织文化动力，常令这些老板们感到"树欲静而风不止"，唱出三声无奈。

　　事实上，过去几年中所发生的轰动中国业界的几桩"高管地震"事件中，其内在深层原因，究竟是高管的传统心理底线触动了老板的非传统底线，还是高管的非传统心理底线触动了老板的传统心理底线，小至"秘书炒外国老板"事件，大至娃哈哈中方老板与法国洋老板之间的冲突事件，都未尝不可以此角度作一种另类解读。

　　在今天中国的多变环境中，我们很难断言心理底线的好坏，只能说它必须合拍。当宋江式的心理底线遇上华盛顿式的心理底线，结果肯定是大大不好，反之亦然。胡琴手在开场前必须"咬弦"，交响乐团在启幕前必须"调音"，老板与员工之间心理底线的合拍，正是奏出美妙乐章的前提条件。

　　十年之后，中国老板的心理底线会是什么样子？中国员工的心理底线会是什么样子？作为老板、作为员工，你能与时俱进吗？这才是问题。

◎ 底线的背后是合作

文／郭梓林　北京大学产业与文化研究所常务副所长，科瑞集团副董事长

> 我们可以把复杂的问题简化一些，员工与老板间归根结底是一种合作关系。在有效率的合作中，各方的底线不仅是明确的，而且是清晰的，并且要有好的制度保证。

周其仁教授曾说，当你对复杂世界某种现象一时无法做出解释的时候，你不妨退回到一个基本的理论范式，然后再往外推，这时候你就可以避免犯一些常识性的错误，比较容易找到问题的答案，做出令人满意的解释。

所以，关于老板底线的问题，看似复杂，其实只要我们把问题退到人与人的合作的层面来讨论，我们就能比较容易摆脱个案的困扰，从更深的层面向读者提供一些具有一般性意义的知识，而不仅仅是对一些个案特殊性的认识。

天下幸福的合作都是一样的，不幸的合作各有各的不幸。非要把合作破裂的原因完全归于"被权力者"触犯了"权力者"的底线，而权力者永远都是正确的，并且还片面地要求大家来理解权力者，显然是有失公允的。

在市场经济条件下，职业经理人与老板之间的关系，本质上说是平等的双向选择的关系。谁是真正的弱者？谁来理解弱者？谁更值得同情？都不是想象中那么简单。

合作是怎么形成的

人类的一切合作都是为了得到好处。这个结论或许可以被定义为所有合作者参与合作的底线，也就是说，没有好处，人们是不会选择合作的。

在有效率的合作中，各方的底线不仅是明确的，而且是清晰的。尽管合作的前景总是存在巨大的不确定性，但好的制度安排，往往体现在能够保证合作各方的权利与义务是建立在平等和公平基础上的。由此，各方都能够形成稳定的预期，从而在正常情况下，各方的利益都能得到既定的可靠保证。即使出现意外，也能够在既定程序中划定相应的责任，以及按约定承担各自的风险。

在有效率的合作中，论及底线问题，往往不是看对方，而是看自己，因为，底线问题已经不是一个内部问题，而是转化为了外部问题。也就是说，一个人在合作中遵守契约的意义，不在于猜测别人的底线，以及决定是否要突破别人的底线，而是变为需要认真掂量自己是否愿意放弃承诺，突破自己在一定的社会圈子里的做人原则和底线。因为合作制度的真正意义在于：让合作各方承担起法律和社会责任以及个人声誉。在这个问题上，许多企业家已经把它通俗地表述为"做事先做人"。当然，多数情况下，他们是用这句话来标榜自己："我做人向来是有原则有底线的。"不排除在有的时候，他们也用这句话来批评和规劝别人。

合作是关于定价的博弈

如果说，人们是为了好处才参与合作，那么，如何分配未来的好处，对于合作者来说就是一个非常敏感的问题。在合作中的一切矛盾和冲突往往都是由于分配上出了问题而引发的。从这个意义上说，把合作的本质问题理解为合作者之间关于定价的博弈，是有道理的。恰当地给自己和他人定价，这是合作博弈的必修课。在合作中给自己定一个可以持续拥有的价格,既是一个表达自我预期的过程,也是自我预期修正的过程。

在企业的发展过程中,高层裂变也好,集体跳槽也好,兄弟分家也好,都因合作者之间的定价出了问题。原有的价格体系,由于没有与时俱进,结果造成了分配上的不合理。当这种不合理达到某一个阀值(也就是人们说的底线)时,合作开始面临制度的变迁或不得不使合作解体。

底线,也就是商人说的底价。要不要抛出底价?什么时候抛出底价?这往往被当作商业机密。"当你知道别人的选择之后,你就能做出对你有利的选择",这是诺贝尔经济学奖得主纳什说的。这句话的潜台词是:对你有利的选择并不一定对别人有利,所以别人并不会轻易抛出自己的底价,所以,这个底价常常是看不见的,需要去猜的。

男人与男人的合作永远都是实力的合作。"店大欺客"与"客大欺店"说的都是实力强的就敢抛出一个让人不得不接受的底价。

这就是所谓"不同重量级的人,底线也是不同的"。因为,不是每个人都能输得起和赔得起。所以底线的不同,实际上是重量级的不同。对于轻量级(定价相对低的)一方来说,只有积蓄力量,并等待对手实力的衰弱,才有可能在同一水平线上进行新的合作。

需要特别提请注意的是:由于恐惧对人的行为的影响往往会超出人们的想象,所以从某种角度说,恐惧就是合作双方的底线。在合作中对弱者的过分轻视,后果是严重的。以弱胜强,往往是因为弱者出于巨大的恐惧,而把自己的底线调到了"不活了!"于是,无所畏惧者,就无往不胜。合作是不能把对手逼到绝境的,一旦突破了对手求生的底线,博弈的结果就会发生逆转。

如果说底线的变化,是因为相对价格的变化,那么在价格基本不变的情况下,底线也是可以进行调整的,因为利弊的权衡不是静止的,而是动态的。

底线的调整往往取决于信息的对称，而信息对称的途径就是沟通。

合作中的权力与权利之争

"权力"是能够对他人产生影响的力量，"权利"是不被他人影响的权益。企业中不同层面合作的绝大多数矛盾，大致都是在这两个层面展开的。

当我们观察一个企业的老板与高管之间的矛盾时，通常可以从这样几个角度入手：是权力冲突，还是权利冲突？是关于眼前的权利冲突，还是关于未来的权利冲突？是关于经营权问题的冲突，还是关于所有权问题的冲突？

而要对这些问题做出准确的判断，往往不是局外人一眼能看明白的。

高管要想有尊严地处理好与老板的关系，应明白以下四个道理：

第一，承认一个人的历史贡献，并不意味着相信他还能给合作体继续带来好处。因此，在做错了事之后，千万不要在老板面前说"我曾经为党国立过战功"这一类的话，你必须回答："为什么一个团守不住一个车站！"否则，"崩"了你不算冤枉。

第二，当你的权力还没有达到"舍我其谁"的时候，你的老板关注的是你在利益上是否过于计较；而当你的权力已经达到"舍我其谁""尾大不掉"的时候，老板会更愿意用利益来换取你手中的权力。那些事业已经达到巅峰的经理人，一夜之间被高价炒掉的故事背后，往往隐含了老板对权力丧失的恐惧。当你让别人产生恐惧感的时候，你真正的恐惧就来了。

第三，自尊与自信，是老板的底线，也是企业的无形资产。因此，在不伤及老板的自尊与自信的前提下，权力可以争，利益也可以争。把人当人的时候，人家也把你当人。万万不可以"忠言逆耳"来为自己的鲁莽作辩护。应牢记古人的话："未信而谏，则以为谤己；信而不谏，则谓之尸禄。"这句话其实应该反过来说：尽管在得到信任的情况下，有话不说是失职，但在没有取得信任或已经失去信任的情况下，谏言是没有好效果的，甚至是会产生坏效果。千万不要抱怨老板的度量不大，谁让你跟度量不大的人合作呢。

第四，"善良是善良者的墓志铭，卑鄙是卑鄙者的通行证。"不要与不值得与之合作的人纠缠，这是合作的第一要义。当合作中的恩恩怨怨，因对方的品德问题而不能翻过一页的时候，"走"其实是一种最明智的选择。这样做的结果，往往是既可以维持感情，又不失风度，且还能得到相应的物质保障。

职场
生 死 线

决断：

不理性会死，没嗅觉也会死

糊涂老板也有精明之举，冷不丁来个剑走偏锋，一鸣惊人。精明老板也有糊涂之时，一着不慎，满盘皆输。吃一堑长一智，但是吃要吃得明白。

◎ 企业家别学诸葛亮

文/郎咸平 美国宾夕法尼亚大学沃顿商学院博士，现任香港中文大学讲座教授

> 诸葛亮这位成功 CEO 的故事只是告诉我们，如果没有正面对抗的实力，那就只能祈求上天给一点好运气了。

中国文化博大精深，这一点相信大家都会认同，在这个博大精深的外衣之下我们可以谈谈小问题。我认为中国文化有一个很重要的问题，那就是投机取巧（或者叫智谋）。

大家应该都看过《三国演义》，它几乎囊括了投机取巧的精髓。在《三国演义》里面有一位男主角——诸葛亮同志，扮演了很重要的角色，他最著名的是赤壁之战、空城计。这也是大多数人最熟悉的，别的估计大家都想不起来了。

赤壁之战和空城计，不但大多数人知道，还经常在京剧、各种古典小说中提到。当然历史上不一定有这两件事，但是在这里，重要的不是历史真相，而是《三国演义》对我们思维方式的影响。

《三国演义》怎么演绎这两段呢？赤壁之战的决战因素是什么？

东风！因为当时是冬天，刮西北风，那么曹操的战船在北面，东吴的水军在南面，如果用火攻刚好逆风，火烧到自己，所以得等到东南风才行。于是故事的男主角诸葛亮上场了，七星宝剑一挥，终于弄来了东风，然后就简单了，孙刘联军猛然发难，这就是赤壁之战。谁看着都觉得精彩。

但如果来个逆向思维，想一个问题：万一我们的诸葛亮同志没借到东风呢？如果东风没借到，浓烟滚滚的可就变成孙刘联军的大营了。那诸葛亮害得自己的董事长大耳刘"扑街"（广东话，意思相当于"栽了"或"栽跟头"）不说，估计曹操都会被他成全了"铜雀春深锁二乔"的好事。这是什么事件？标准的小概率事件。

第二件是空城计。诸葛亮敞开城门，偃旗息鼓在城楼上弹琴。他赌什么？赌司马懿的多心，因为司马懿就是一个多心的人，可是诸葛亮有没有想到，万一司马懿那天没有多心呢？拔营出发前不小心和老婆吵了一架，被老婆臭骂一顿，脑门上挨了两鞋垫，到了城下正气得头昏脑胀，后果就是二话不说甩开膀子挥军攻城，那乐不思蜀的好戏搞不好就会换男主角了。

这些情况有没有可能？当然有。吵架是天经地义，司马懿真的把诸葛亮抓走的话，我们今天看的就是《二国演义》了。堂堂一国的宰相，怎么可能冒这种风险。什么概念？小概率事件。

中国人听得最多的是杀鸡不用牛刀、四两拨千斤等，起码我认为这些看似有道理的基本上都是片面的。四两拨千斤，如果拨不了怎么办？估计得被千斤给压坏了。为什么中华文化不喜欢千斤拨四两呢？为什么杀鸡不用牛刀呢？回过头一想，真正有必胜把握的其实是千斤拨四两，是狮子搏兔子。

上面举的两个例子都是典型的小概率事件，概率在统计学中是指在相同的条件下做大量重复的实验，一个事件出现的次数和总的实验次数之比。

人们把偶然发生的重大事件称为小概率事件。小概率事件在生活中并不少见，例如彩票中奖就是一个典型的例子。小概率虽然不等于不可能，但它是一个期望值，由于其发生的可能性极小，从而风险极大。企业家在考虑风险的时候往往关注的是"风险背后的机遇"，认为及时抓住了机遇就可以取得成功。但如果判断失误，与机遇如影相随的风险很可能会给企业造成无法估量的损失。

现在很多中国企业喜欢做大做强，而且手法投机取巧，喜欢小概率事件。他们大多有想进世界500强的病态心理，做到一定阶段后就想做世界500强。

以什么方式做到世界500强呢？收购兼并，因为收购兼并在他们看起来是最容易的办法，这种想法非常值得深思。我想说，我们对事物本质的把握是非常不到位的。中华文化缺乏一种程序流程的概念，所有企业家都像大厨师，什么都一手包办。这种模式的缺点是，大厨师一走就什么都带走了。正确的做法是，要有一套工序制度留住大厨师的手艺，这一点我们做得最差。举一个例子，我们把大厨师炒菜分成20个阶段，第一个切葱花，第二个切肉丝，第三个倒酱油……菜不好吃重新调整有问题的工序，经过无数次调整之后总有一套工序能炒出跟大厨师一样好吃的菜。这个积累是今天企业积累的关键，但中国企业还停留在大厨师水平。

当企业家把目标放在大企业身上的时候，这个人不是现代意义的企业家，他还是大厨师，他永远不知道把他炒菜的技术用20道流程分解下来，而且是科学、积累式、数据式的分解。我们今天引进汽车制造商，引进他们的技术，引进他们的模型，我想问，他们的整套工序流程你积累了吗？没有。浮躁使得一些企业想迅速做大，像联想，投机取巧，总喜欢走捷径，比如找个收购兼并来做。联想在2004年做互联网、手机以及IT服务业，当时为什么做这三项呢？因为这三项最有潜力，但联想没有找到真正的行业本质，购买IBM电脑部门就是投机取巧。

中国的传统文化恰恰太强调所谓"智谋"的作用，于是整个中华文化圈有了一个神一般的诸葛亮，而最重要的问题却被我们忽视了，那就是实力。如果诸葛亮手中有百万精锐，曹操还敢来赤壁吗？司马懿有胆量到城下听一曲吗？在压倒性的实力面前，智谋的作用还值得我们如此推崇吗？

诸葛亮这位成功 CEO 的故事只是告诉我们，如果没有正面对抗的实力，那就只能祈求上天给一点好运气了。就像诸葛亮所经历的，东风真的在寒冬的江面上吹过来了，司马懿出征时真的没有徇私带上老婆。

但是，好运气不是人人都有的。

◎ 理性是法官，直觉是侦探

文 / 杨思卓 北京大学领导力研究中心副主任、教授

在一个信息不充分的决策中，单靠理性的推断，决策只能中断。要让决策思维前行，信息中断之处，必须要用直觉来连接。没有这种灵性，就不会有巴菲特，就不会有乔布斯，企业史就只有逻辑的推演，而没有伟大的传奇。

有一次看电视节目《名家论坛》，看到一位名校教授谈到中国民营企业家的致命缺陷时痛心疾首地指出：要想把企业做大做强，必须变直觉决策为理性决策。我想，这位教授可能是在书斋里坐久了，没有真正参与过企业决策，更不知道什么是非常时期的决策。

因为按照他的理解，做个 SWOT 分析，弄清企业本身的优势 (strength)、劣势 (weakness)、机会 (opportunity) 和威胁 (threat)，做出一个决断是很容易的。但问题恰恰出在要弄清楚这 4 个前提很不容易，分清什么是机会、什么是威胁，那是需要时间和信息的，等环境明朗了、信息充分了，企业可能就不在了。在这种非常情况下怎么办？要靠直觉决策。有些理论家不知道，常态下被视为缺陷的东西在非常时期就是优点，而直觉则是民营企业家应对不确定环境的最大优点。

有些理论家往往只会一种思维模式：理性思维。也就是英国学者爱德华·德波诺在《新型的思维》里所说的"纵向思维"——想问题遵循逻辑，直

上直下地思考，经常因不会拐弯而碰壁。这些人缺乏企业家的灵性，不做企业也就是了。所以学者无知不是错误，但这些人真正的错误是把无知当真理，言之凿凿地去指导人家怎么做。

在一个信息不充分的决策中，单靠理性的推断，决策只能中断。要让决策思维前行，信息中断之处必须要用直觉来连接。这种直觉就是领导人的灵性，也称第六感。没有这种灵性，就不会有巴菲特，就不会有乔布斯，当然更不会有那一大批带有互联网传奇色彩的马云们。没有灵性，企业史就只有逻辑的推演，而没有伟大的传奇。

直觉让我们发现问题

美国知名投资人索罗斯一直被人们视作金融市场上的谋略家，其成功案例数不胜数。在被问及投资经验时，他说他一向听从自己的直觉。有一次，他忽然觉得背痛，直觉让他意识到他的投资决策可能有点问题，于是他就仔细审察了一下自己的投资档案，结果发现了自己对资讯判断不足的漏洞。不少优秀的领导人往往保持着一种具有极高灵敏度的嗅觉，有的时候可以凭借第六感发现重要的蛛丝马迹。

一位餐厅的老板有一次走进自己的店里，忽然觉察到了什么，然后问一个员工："告诉我，出了什么事？"

原来这家餐厅刚刚发生了中毒事件，防疫站和电视台记者来过了。员工们还在考虑如何向老板报告，结果老板就觉察到了。

现实中就是有这样的一种第六感在影响着领导者的决策。

直觉帮我们辨识方向

英国有一个家喻户晓的品牌，叫 Virgin（维珍）。Virgin 这个词的中文意思是"处女"，该品牌的创始人理查德·布兰森选择的这个词往往给初次接触该品牌的人留下深刻的印象。

一个品牌的成长毕竟不是一帆风顺的，布兰森的第六感在关键时刻成功地挽救了他的公司。20世纪70年代初，就在布兰森用自己办《学生》杂志的收入创办了第一家邮购公司维珍后，英国爆发了邮政工人大罢工。布兰森被迫将公司转为以经营唱片为主的折扣零售商店。

哪些唱片好卖呢？布兰森敏锐地察觉到，平民化音乐已不再是潮流，于是他大量订购橙梦（Tangerine Dream）、平克·弗洛伊德（Pink Floyd）、创世纪（Genesis）、Yes乐队等风格严肃的前卫迷幻摇滚乐队的唱片。维珍唱片公司在此基础上创立。

后来，他通过一次偶然的机会遇见了麦克·欧德菲尔德（Mike Oldfield）。当时的麦克·欧德菲尔德只是一个伴奏吉他手，布兰森的直觉告诉他，此人是一位天才的艺术家。于是，布兰森先人一步，与麦克·欧德菲尔德签下了合约，当年就出版了他的第一张专辑《管钟》（Tubular Bells）。

1000万张的全球销量不仅让这位伴奏吉他手红遍了世界，也让布兰森的唱片公司吸引到了更多的明星和乐队。

如果按那位教授老兄的办法去做，行吗？问题会被掩盖，商业机会被错过。许多学者做不成企业、做不好企业，比一比那些成功者，他们身上倒是存在着致命的缺陷，缺少财商里最重要的灵性，也就是缺少第六感。

直觉让我们超越数据

亚马逊CEO贝佐斯注重数据是出了名的，有人甚至给他冠了一个"数据老板"的称号——用数据衡量一切，几乎所有决策都要以数据为依据。但贝佐斯最好的决策却不是用数据做出的。1994年，当时从事套期保值基金销售工作的贝佐斯发现了一项令他倍感惊讶的数据：互联网每年的增长速度高达2300%。直觉告诉他，这是一个巨大的机会。经过一番权衡后，他决定做图书业务，因为图书是一种日用品，许多人都需要买书，而且与食品不同的是，图书不会腐烂，也比较易于挑选、库存和运输。他断定这是一个巨大的市场。

贝佐斯的一些决策非常大胆，以至于在短期内影响了亚马逊的销售收入和利润。不过贝佐斯解释说："所有的公司领导，不仅是我，都有一些决策是靠分析做出的，这些是最好的决策。不幸的是，还有许多其他决策是无法靠数字做出来的。"这实际上就是一种胆识与决断。

一个成功的决策等于90%的信息加上10%的灵感。灵感不是什么神秘的东西，而是人心对现实世界多种启示的折射。

大路神经与小路神经

美国心理学博士丹尼尔·戈尔曼的著作《社交商》中讲到了两个概念，一个叫做大路神经系统，一个叫做小路神经系统。为了便于理解，我把它们分别称为大S和小S，大S主管意识，小S主管潜意识。

大路神经系统的方式非常像法官，它判断一件事情讲求证据；小路神经系统非常像侦探，它判断一件事情讲求直觉。比方说，我们经过考察，打算和某人做生意，而且查了他的信用记录，没有发现任何问题，这是大S的判断；但是我们就是感到那个人会出问题，这是小S的判断，因为没有证据，我们还是和那个人做了生意，结果真的出了问题。

所以，意识需要与潜意识结合，理性需要与感性结合。侦探与法官的不同在于侦探懂得变通判断。侦探依据直觉判断事情，而法官讲究证据。我们知道，法官断案以事实为依据，以法律为准绳，证据不充分，即使明知对方有罪，也不能定罪量刑，理性高于感性。侦探却不这样，证据只是一方面，尤其是在证据不足的情况下，侦探会加入自己的感性认识进行推断，从而快速准确地侦破案件，实现事实与直觉共舞。

管理就是决策。决策是否正确不仅反映了管理者的领导能力，也影响着企业的发展。正常时期，深思熟虑、理性思考可以稳操胜券。然而，在经济遭受冲击的非常时期，局势复杂多变，在理性决策得不出结论、辨不清方向时，灵性决策往往会让我们另辟蹊径。

如果还有不解，且看看以决策见长的企业家们是怎么想、怎么说的。

威廉·杜兰特：美国通用汽车公司的缔造者，他曾被艾尔弗雷德·斯隆称为"用绝妙的灵感来指引自己行动的人"。

杰克·韦尔奇公开宣称自己是个凭直觉办事的人："我们总公司很少深入讨论事情，但我们对每件事都保持敏锐的嗅觉。"

皮尔·卡丹："直觉往往是把你引向成功的最佳途径。在我的事业中，直觉多次引导我做出正确的决定，但也有因我没有相信直觉而失误的例子。"

哈维德·舒尔茨："灵感比数据更可信。"哈维德·舒尔茨加入星巴克之前，只不过是一个普通的销售经理。有一年，他到意大利米兰度假，正坐在路边咖啡厅享受宁静舒适之际，他的"灵感女神"突然"出现"。他想，像意大利这种提供好咖啡、舒适环境和快速服务的咖啡茶座，可能在美国市场也会大有作为。他探访了位于西雅图的星巴克，在那里喝到了令他神魂颠倒的咖啡。后来舒尔茨成功了，一闪念的灵感使他成为全世界的"咖啡大王"，星巴克成了风靡全球的一种时尚文化。

舒尔茨为什么相信自己的直觉，而不相信市场调查？因为他已预测到调查结果多半是这样的忠告：美国人不会花3美元买一杯咖啡。像舒尔茨这样凭直觉来做商业决策，在有些人看来未免太过草率。他们认为，灵感与直觉是没有组织的思维，如果凭直觉来做商业决策，等于把整盘生意押作赌注。

但是从心理学的角度看，直觉是一种更高级的智慧。纵使它是非理性的、不能言传的和难以把握的，但它的优胜之处却是能使我们较好地处理复杂的思想，理清头绪，将我们带入峰回路转、柳暗花明的境地。

决策时什么情形下用理性之有形刀，什么情形下用直觉之无影剑呢？总结成功领导者的经验，我发现他们通常会根据以下四项条件来做选择：第一，信息事实充分，理性决策占优；不确定性很高，直觉决策占优。第二，有先例可循，理性决策占优；没有先例，直觉决策占优。第三，变量可以测量，理性决策占优；变量难以预测，直觉决策占优。第四，时间充分，从容不迫，理性决策占优；时间紧迫，情急之下，直觉决策占优。

领导禅悟

正常时期，决策要准要稳；非常时期，决策要准要快。在市场变动性极大的情况下，非常领导者一定是那些善于捕捉最新动态，在别人还没醒悟时已经正确地预见未来，当别人开始醒悟时已经快刀快马将市场拿下的人。这样的决策才有灵性，这样的行动才够痛快。

实践是检验决策的根本标准，研究崇尚理性，但理性未必是理智。行动崇尚直觉，但直觉未必是错觉。其实真正的学者也同样钟爱灵感，爱因斯坦就曾说过："我相信直觉和灵感，常常不知原因地确认自己是正确的。想象比知识更重要，因为知识是有限的，而想象则能涵盖整个世界。"

企业家在提升自己理论水平的过程中，可以提纯，不可以僵化。因为一旦僵化，你如水的灵性就会凝成一块如石的坚冰。兵无常势，水无常形。要想因事、因时、因势、因情而变，企业领导人需要理性的决策技术，更需要灵性的决策艺术。

◎ 鱼钩、长矛与抓狂的总裁

文 / 姜汝祥　北京锡恩咨询集团首席顾问

> **正确的时间，正确的地点，做正确的事，这就是战略。有多少总裁在做员工的事？我们的企业家要学会不上鱼钩的当，而真正把时间放在长矛事件上。**

鱼钩与长矛是一个比喻，这个比喻源于2008年奥运会安全保卫中的一个分类。它把奥运会中发生的安保事件分为两部分：一类是鱼钩事件，一类是长矛事件。

所谓鱼钩事件，就是一些国际上认可但我们不一定认可的事件，这类事件本身并不是新闻，但你要是上钩了就可能会激化成新闻。

所谓长矛事件，就是那些国际上不认可我们也不认可的事件。

这类事件的特点是，对方一开始就选择了暴力攻击的方式，而这种方式是为国际社会所不容忍的，既然大家都不容忍，那么我们所采取的行为就容易得到认可或同情。

有了这一分类，整个奥运会的安保体系就进入了战略管理体系。可以说，也就是从这一分类开始，我们建立了自新中国成立以来公共安全的"精益管理体系"。

这一体系有什么好处？或者说战略管理有什么好处？最简单的回答就是，如果没有这样一套体系，高管们都在做什么？而有了这样一套体系，高管们又在做什么？

别让鱼钩钩住你的精力

如果我们从一生的角度来看所谓的成功与失败，为什么在差不多同样的环境下，有人可以从容地做出一番伟业？而另一些人却到处碰壁？结论是：所谓的成功人士，无非是那些在正确的时间、正确的地点，做正确的事的人；而那些所谓的失败者，大多是在错误的时间、错误的地点，做了错误的事。

正确的时间，正确的地点，做正确的事，这就是战略。也就是说，我们的总裁要懂得如何面对鱼钩类事件，不上鱼钩的当，而真正把时间放在长矛事件上。

一句话：总裁要做总裁的事，要把时间放在长矛事件上。总裁不要做员工

做的事，要懂得拒绝鱼钩的诱惑，不要被鱼钩"钓"上。

我与一位企业家讲起这个分类，一讲完，这位企业家就坐不住了，立即大声地说道："原来我在做员工的事！我浪费了自己多少时间呀，怪不得我没有周末，没有休息时间，原来是我被'鱼钩'钩住了。"

"为什么这么说？"我问到。

"我每天很早就到公司，然后发现总有人做得不对，于是我就到处指导，表面上看我给这些员工的行为提供了价值，但实际上，真正让产品产生价值的是他们，不是我，我是总裁，我应当去建立一个为客户创造价值的战略与环境，而不是去具体指导某个人。"

当然，我们并不是说总裁不能指导某一个员工，但如果总裁总是一到办公室，就把时间花在指导一个个具体的员工身上，那公司的战略、公司的方向，或者说其他的员工如何办？

可见，总裁指导某个员工是"鱼钩行为"，而总裁通过战略来指导所有的员工，才是真正的"长矛行为"。总裁一旦被"鱼钩"钩住，把大量时间消耗到"鱼钩行为"上时，不仅员工由此会失去自主与独立工作的能力，真正应当关注的长矛行为也会被忽视了。

优秀是卓越的敌人

现在的问题是，为什么这些企业家或管理者在创业的时候，往往会很"战略"，大多会选择正确的时间、正确的地点，做正确的"长矛之事"。为什么成功之后，却有相当多的企业家或高管被鱼钩"钩住"了？

在近十年的企业咨询与培训中，我接触过大大小小上万个企业家与高管，与中国很多著名的企业家或多或少都做过交流。公正地讲，我所接触的这些企业家或高管都有其优秀的地方，所谓的"成功自有道理"。

但还有另一句话，正是这句话使很多企业家被鱼钩"钩住"了，这句话就是："优秀往往是卓越的敌人，成功往往是更成功的阻碍。"

为什么优秀反而会成为卓越的敌人？我们先看一个试验吧！美国学者诺斯与安德森做过一个试验，这个试验的内容是先给每位参加的人输入一个错误的信息，然后让每个人列举支持或反对的理由。结果发现，那些支持理由越多的人，在正确答案公布之后，仍然更多倾向于错误信息是成立的。

这种现象，诺斯与安德森称之为"信念顽固症"，或者叫"过度自信现象"。意思是说，成功者在成功之后，即使现实已经证实其成功经验过时，他们仍然会相信自己的信念是正确的。

这又是为什么呢？答案是"欲加之罪，何患无辞"。反之同理，人们往往会去寻找那些支持自己信念的信息，而有意或者无意地忽略那些不支持自己信念的信息。也就是说，"信念顽固症"，或者"过度自信现象"，讲的就是大多数成功者在成功之后，只会去寻找那些支持自己信念的信息，而有意或者无意地忽略那些不支持自己信念的信息。

在美国学者诺斯与安德森的研究中，他们发现在以下几种情况下，"信念顽固症"或"过度自信"会让成功者感到既轻松又高效：时间急迫，疲惫不堪，情绪激昂，顾虑重重，成功气盛。

对照一下目前企业家的心态，这些词是多么生动的现实写照呀。也就是说，处于这种状况的企业家或高管，正在享受着他们的"信念顽固症"与"过度自信"，而这会让他们很轻易就被鱼钩类事件"钩住"，去做本应当下属或员工去做的事，却把战略给忘记了。

如何摆脱鱼钩的困扰

怎么让企业家或高管们进入战略状态，去做长矛类的事，而不是沉溺于成功而被鱼钩"钩住"?

我的建议有三个：

第一，建立做事的"原罪感"，从原点上建立起"长矛"战略思维。所谓"原罪感"，就是著名投资大师索罗斯所说的："我容易犯错。"这句话对于企业家与高管的意义，在于指出了一个我们不太愿意承认的事实，即人其实是很渺小的，困难中的自信是一种美德，而成功后的自信，多半是一种狂妄。面对成功，有效的办法是告诉自己："我会犯错"——而如何不犯错，那就是敬畏规律，"若神（规律）不在，一切皆无"。

第二，建立起面对客户的"空杯心态"。何谓"空杯心态"？体现在市场经济中，那便是尊重客户的行为，客户需求是一切竞争的起点与归宿。所以，面对客户需求，倒掉一切自以为成功的经验，留出一些空间给客户，有客户价值做"心之主导"，自然就不容易被鱼钩"钩住"。

第三，建立起回报员工的"感恩之心"。经营企业有两个原点，一个是客户，另一个是员工。如果我们想成就一番事业，那就先成就客户与员工的事业，如果我们想做事顺利，那我们就先要让客户与员工做事顺利。客户给予我们利益，而员工却是实现这种利益的核心，我们对员工最大的感恩与回报就是更公平的制度、组织与文化环境！

◎ 别用错误为错误买单

文 / 王嘉陵 IBM 全球企业咨询服务部前副总裁，香港科技大学 MBA 项目教授

> 一个错误的第一印象可能形成"锚"的陷阱，然后我们选择性地寻找肯定论据来证实已有判断的正确，再就是匆匆忙忙地做出一个错误的决策，为"顾惜已支付成本"陷阱准备了条件，于是用错误为错误买单形成了一个死循环，迟迟得不到纠正，直到破局。

我在东京住过近七年。其中有个事情让我印象深刻。

去东京的成田机场可以坐火车或者汽车。如果坐汽车去成田机场，在距机场几分钟车程的地方，有一个关卡，所有的车子都要停下来，乘客会被检查护照。

有护照才能去机场吗？如果只是接人也一定要有护照吗？不是要出境时才需要检查护照吗？还没有进机场就检查护照，这关卡有什么作用？虽然检查员做得非常客气，没让旅客觉得被骚扰，但我还是要打破砂锅问到底。终于有位同事告诉我，在建造成田机场的时候，因为征收附近的农用地，农民觉得有噪声，交通量又增加，所以就反对，并有些抗议的行为，甚至有过一次暴动。所以政府就设了一个关卡，在建筑期间，没有 ID 的人，不准进入这个范围内。机场建好后，这个关卡并没有被取掉。现在改为检查护照，因为总要找个理由维持关卡。

事实上不需要护照也可以进机场的，如果你真的说没有护照，检查员也只好让你过去，不可能叫你下车。

显然，这是决策者掉进了一个心理陷阱——锚陷阱。这时候，就像船被锚固定了一样，你的思维也被一些先入为主的观念、一些名人专家的心得、一些报纸杂志的调查结果等框住了，不敢稍越雷池。

死循环决策的症状

锚陷阱是一个原点，人们的很多错误决策并非不能纠正，而是最初被某些"锚"给固定了，然后又因为沉没成本的原因，落入顾惜已支付成本的陷阱，一再延误了纠正的时间，从而形成了错误决策的死循环。就像赌徒在输了钱时会因不甘心输钱，而下更大的赌注。在我们的实际生活中，类似情况也屡见不鲜。

表现在实际工作中，一个项目进行得不好，其实大家心里都知道，这原本就是一个错误的决定，可是既然已经投下了一些资本，会觉得不甘心，就是要花更多的时间、更多的资金去把它做好，这就是一个为顾惜已支付成本而增加投入的陷阱。

用肯定证据来强化错误决策

其实很多的陷阱都是相互关联的，常常在我们陷入顾惜已支付成本陷阱的时候，我们也会搜集一些肯定的证据。

肯定证据的陷阱就是，我心中对那个决定已经有一个倾向，于是我就搜集各种肯定这个倾向的证据，对于逆向的、反对的证据我就忽视，对于肯定我的倾向的证据我就加强。以成田机场关卡的例子来看，有人会为成田机场外检查护照的关卡找各种理由，譬如提醒旅客别忘记带护照，或是为了安全的原因等，这些都是肯定证据的陷阱。事实上提醒旅客别忘了护照，应该在上车时提醒，而不是在一个多小时车程后再提醒，检查护照也不能保证安全，难道恐怖分子都没有护照吗？

被错误的假定给框住了

框架的陷阱，是一个以锚为中心点划分设定范围的陷阱。

举个例子，你在深圳工作了一段时间，有一天接到家乡同学的电话说，他的公司最近突然决定调他到深圳工作，他下个月就要带妻儿来了，请你帮他在你家附近租个房子来住。你接到这个电话，非常热心，立刻在你家附近做了很多调查，至少去看了十家出租的房屋，比较之下，你推荐了三家给他，你甚至带着数码相机拍了很多照片传给他，请他选定后就帮着他去交订金。表面上看，你是很够意思的同学。实际上，这里有一个框架的陷阱。当初你的朋友请你帮忙，在你家附近找一个房子，这就成了一个框子，你就在这个框架里面忙。事实上，你应当先来帮助探索这个框架到底是不是合适。可以先问几个问题：同学来深圳工作是哪个区？离我家多远？孩子上什么学校？来深圳多久？是永久性的还是暂时的？如果是永久的话，现在可能是最好的买房时机。如果他们一家大小搬到你家附近后才发现，每天上班路上需要一个小时，这个区域的学校不怎么好……到时候他可能反而会怪你当初怎么不给他建议一下。你尽心竭力地帮忙，却是帮了倒忙。这就是一个框架的陷阱。

同样在工作中，人们也常常为锚陷阱过分限定了范围。有的时候，上级交代事情，往往因为一句没多加解释的话，下级就被局限在一个假设的框架里面跳不出来，没有花心思或者不敢去探索一下这个框架本身是不是正确的，当然也就做不出最好的决定。

把未来寄托于过去

在做决定时，人们需要通过估计和预测来判断，为决定给出依据。陷阱又一次出现，它包括过于自信陷阱、过于审慎陷阱、追忆陷阱等。

为了未来我们需要做一些估计，但是我们的估计常常都是根据过去的经验来做的。如果过去的经验是成功的，我们就很可能过分自信，过去的经验如果是失败的，我们可能就过分地谨慎，这两者都不是帮助我们面对未来的好方法。追忆的陷阱，是我们根据过去记忆中某一重大事件的印象或某特殊的案例来评论未来，以偏概全，这是预测未来时容易陷入的陷阱。

启动死循环的三个陷阱

有人说："一个谎言必须用十个谎言来圆。"决策也如此，一个错误的决策必须由数十个错误的逻辑推导出来，再由数十个错误的执行去验证。

具体到管理决策方面，这就是人们的心理通病通常起因于三个非常普遍的陷阱。一般的管理方法似乎就是固守成规，直到有两种情况发生：一是有问题出现；二是有新的机会。当这两种情况发生的时候，我们才会改变对资源的分配，这时也就容易陷入两个最大的陷阱了。

管理决策的第一个陷阱：让问题推动决策，以解决问题为目标。

我们的时间和资源常常被用来解决问题，有些问题是需要解决的，而有些问题不见得是需要我们解决的。让问题推动决策是一个很错误的陷阱，但是多半的人都会陷入其中。

我在2000年年初接管IBM整个亚太区的市场营销。我的预算分配是，日本占80%，其他的13个国家只有20%。但是日本只占总收入的65%，这个资源的分配似乎很不均匀。如果我要达到我整个的目标——使IBM在整个亚太地区市场份额有利润地增加，我就需要把资源多放在一些正在快速成长的发展中国家。所以我就在等待一个机会改变这个分配比例。这个机会是什么？预算缩减。预算的缩减是每年都可能发生的事。果然，过了两个月，我就接到了财务总监给所有部门的一封电子邮件，说从下一个季度开始，所有的部门预算缩减5%。如果当我接到这个电子邮件时，把预算缩减当作问题来解决，那么最简单、最快速、最不起争议的解决方法是什么？是平摊。下一季度开始每个国家缩减5%，这样就解决了预算缩减的问题。但是那样解决，会达到目标吗？肯定不会。我必须重新分配资源，不根据历史，而为着要达到未来的目标重新分配资源。我不是不知道会受到来自日本的阻力，但是达到目标比畏惧阻力更重要。由于我做法妥当，所以仍然和日本保持了很好的关系。

管理决策的第二个陷阱：期望建议者提出高质量的决策，然后在只有一个方案时就做决定。

我们接着上面的例子来看。例如，中国提出一个投资方案，申请更多的资源，理由是中国在快速发展，需要多一点的资源。大家就着提出的建议来讨论，争议一场，最后，表决投资或者不投资。

实际上，这也是一个巨大的陷阱。为什么？因为我们只有一个建议，一个方案。在没有选择的情况下，我们不可能做出最好的决定。因为提出这个建议的人是有盲点的，他不会看到自己建议的缺点。

而且他会掉入肯定证据的陷阱，他会搜集各种的肯定证据，来加强他的建议，认为他的建议最好。大家就一起跳到那个陷阱里面去争论，来完善这唯一的选择。经过大家的争论，这唯一的方案已经渐渐被完善，比刚提出时好多了，但是仍然只有一个方案，就是没有选择。难道就只有一个方法能让中国成长吗？难道没有其他更好的方法吗？如果桌上只有一个建议，不可能做出最好的决定，决定者自己就要跳出来，不要被建议者牵着走。在决定时要避免"做"或者"不做"的是非题。决定者要做选择题,不要做是非题。

管理决策的第三个陷阱:希望审批过程中能够监督并提升决策的质量。

这种情况在企业单位尤其常见。有一个基层人员写的计划,一层一层报批上来,每个人都想,反正上面还有人会看,或者是下面的人已经看过了,就批了。这是典型的固守成规的陷阱。在决策过程中,我们需要记住这些常见的陷阱,时刻提醒自己不要掉进这些陷阱里。

当我们的大脑工作时,上述典型的心理陷阱可能单独出现,也可能结伴而来。一个深刻的第一印象可能形成"锚"的陷阱,然后我们又有选择地寻找各种论据来证实我们已有判断的正确——陷入"肯定证据"陷阱;我们匆匆忙忙地做出一个决策,而这一决策又成为"现有存在"——为"顾惜已支付成本"陷阱准备了条件。这样,心理陷阱就连环起作用。

在做决策时,需要涉及太多因素,假定、估计、利益冲突、众人的建议等,落入心理陷阱的可能性就增大了。因而,了解和避免心理陷阱就显得尤为重要。对任何心理陷阱最好的防范就是对它们保持警觉。凡事预则立,即使你无法彻底消除大脑运转中根深蒂固的偏见,你还是可以在决策过程中设置一些准则和检验方法,尽早发现这些错误并进行补救。

决断： 不理性会死，没嗅觉也会死

◎ 聪明的猴子没桃吃

文 / 庄建生 独立财经撰稿人

> 选择本来就是一个以一种取向代替另一种取向的过程，很多时候会导致"此消彼长"的现象。没桃吃的猴子过去一直被当成"三心二意"的反面典型，但其实这是一只聪明的猴子，并且是一只做事"一心一意"的猴子。

这是一个大家耳熟能详的故事：一只猴子下山去玩，先是在桃林摘到了一个大桃子，然后一路上扔了桃子去摘玉米，又扔了玉米去摘了西瓜，最后又为了追一只兔子而扔了西瓜，到最后兔子没追着，西瓜也丢了，结果是"竹篮打水一场空"，折腾了大半天什么也没有得到！

这只猴子一直以来都被批评为朝三暮四，因贪婪而前功尽弃，当然这一结论是出于对最终结果的考虑。那么我们换一个角度，仔细分析一下猴子追寻猎物的选择过程，是否又能有不一样的结论呢？

是"三心二意"还是"一心一意"

选择本来就是一个以一种取向代替另一种取向的过程，很多时候会导致"此消彼长"的现象，文中的猴子过去一直被当成"三心二意"的反面典型，但其实注意下它的每一次行动，就能看出这是一只聪明的猴子，并且是一只做事"一心一意"的猴子。

为什么这么说呢？因为从摘桃子到摘玉米再到摘西瓜，它的每一次取舍都是为了更好的食物，并且在做出选择后就专注于它的选择，不再东张西望、瞻前顾后。意识到玉米的效用大于桃子时，它就放弃了桃子，当看到更有价值的西瓜时，它又果断地放弃了玉米，难道我们能够评价这样的选择是非理性的吗？这样的执着难道是"三心二意"吗？虽然最后没追到兔子而一无所获，但不管是桃子、玉米还是西瓜，猴子都完满地保证了自己的利益最大化。能同时获得两样食物当然再好不过了，但聪明的猴子深知凭自己的双手只能拥有一样，它明智地选择了更有价值的食物，义无反顾地放弃了其他诱惑。因此我们不能因为猴子最后的一无所获而否定它之前的一系列明智的选择。

这只聪明的猴子使我们明白，一种选择的价值只能由当事人根据他所处现实的需求、效用来决定，不能由旁人的观点所左右，毕竟只有他才能体会其中真正的价值！猴子在判断了两种食物的价值后就一心一意地保证最优的选择，所以说在这个阶段，猴子的表现是完美的。在我们自身能力、资源有限的情况下，懂得"放弃"是十分重要的。

企业在对利的追逐中同样会像猴子那样面临取舍，需要不断做出选择。那什么是价值判断的标准，什么才是应该做的战略选择？其实战略管理不过是：做什么（什么行动），由谁做和为谁做（行动的主体和客体），怎么做（行动的方法），在哪里做和何时做（行动的时空范围）的问题。简单说就是有所为和有所不为。其中更为重要的是选择不做什么，也就是放弃什么。如果企业想要满足所有需求，提供所有的经营活动，那么最终将失去竞争优势。

放弃是企业战略的智慧选择。摩托罗拉公司放弃了制造，将制造中心托付给新加坡和中国，结果赢得了研发和市场的战略制高点。同样，"买卖的松下"和"服务的IBM"放弃了"统一于技术"的战略导向，而日立、索尼、本田、惠普等则放弃了"统一于市场"的战略努力。这些企业都因专注于企业的

决断： 不理性会死，没嗅觉也会死

核心竞争力，大胆地放弃其他诱惑而成就了世界巨头的地位。

放弃同时也是企业家勇气和胆识的修炼和考验。企业家是人而不是神，他们同样受到尘世间七情六欲的诱惑、压力和影响。万科掌门人王石，在经过10年"放弃"之后才成就了今天的万科——中国地产第一品牌；华为总裁任正非，近20年来专注于通信技术研发和市场拓展，放弃了诸如股票、期货、地产等令人心动的赚钱机会，才使华为成为中国第一的民营高科技企业，并进入世界通信设备制造企业的一流阵营。

所以，放弃是理性的胜利，放弃是智者的选择。不论是做企业还是企业家，都应该像这只猴子一样，一直对目标进行检测和定位，在不断变化的周围环境中做出取舍，一边放弃，一边拥有。

放弃是为了更好地拥有

虽然猴子一直在执着地追寻最优的食物，但为什么最后一无所获呢？

这不是它三心二意或者贪得无厌造成的，而是它聪明过了头，在最后决定放弃西瓜而去追逐兔子的问题上犯了战略性的判断失误——只看到了食物的价值，而忽视了自身的实力。忽视自身条件而盲目追寻，最终只能是聪明反被聪明误。确实，猴子的每一次选择都保证了更优的价值——玉米优于桃子，而兔子又优于西瓜，但仅仅有对目标的分析还远远不够，如果猴子在追赶兔子之前能够理性地分析其可行性的话，它就会发现兔子固然优于西瓜，但猴子又怎么能追得上兔子呢？那注定只是一个可望不可即的奢望。

猴子最终的两手空空，提醒了我们在执行"放弃策略"时，必须要系统地分析现阶段的资源配置、未来的发展方向以及什么该放弃、什么该争取、值不值得放弃、能否实现、怎样实现等实质性的问题。不然就会像这只猴子一样聪明过了头，虽然前边收获了很多，最终却一无所获。对目标的判断和对自身实力的估计是并行的两条腿，要想前进就缺一不可。

同样对企业而言，放弃是理性的价值判断，任何战略决策和选择都必须建立在企业基本的价值判断之上。企业资源是统一于市场还是统一于技术，是做行业领导者还是做行业追随者，是大众化还是差异化，是成本领先还是技术领先，是区域深入还是全面推进等，都是企业在科学分析自身资源和能力的情况下必须做出的基本价值判断，而这种价值判断是企业进行战略决策的基础，在这种基础之上，企业必须学会放弃，有所为有所不为。

放弃也是企业聚集能力的策略。有限的资源决定了有限的企业能力。"金无足赤，人无完人"，企业和人一样，并不是无所不能。企业的人力、物力、财力等资源要素以及企业的营销力、品牌力、信息力、知识力等能力要素也必定有长有短。确定目标是第一步，而是否有能力达到目标是必须认真思考的第二步。为此，企业的选择也应该做到"三个有利于"：有利于企业资源的合理配置，有利于增强企业的核心竞争力，有利于企业的可持续发展。凡是违背其中之一者，都应该毅然地放弃。也就是说，企业应该按照决策的原则和程序，选择那些符合企业基本价值取向和自身实力的方案，而果断地放弃那些尽管充满诱惑却背离企业价值取向的"禁果"。

曾经轰动一时的明基并购西门子事件就为我们敲响了好高骛远的警钟。2005 年，明基收购了西门子的手机业务，跃升为全球第四大手机厂商，而在此收购之前的 2004 年，明基手机的全球市场份额仅为 2%，与摩托罗拉、诺基亚的 21% 和 20% 相去甚远。这一次战略收购对明基来说是质的飞跃，使其从依靠代工的二流手机厂商步入了全球一流手机巨头的行列，一切看起来都是如此的顺理成章，而前景也似乎是无限光明。然而这桩美好的"国际婚姻"仅仅维持了一年，明基就因为 6 亿欧元的巨亏而宣布放弃手机业务。明基就像那只聪明的猴子一样，有过辉煌的过去，这家靠代工起家的电脑厂商，从最初生产电脑主机，到生产电脑外设产品，再到以生活形态定义品牌基调，推出 BenQ 笔记本电脑成为网络时尚产品领域领导品牌，一步步走来，成为年营业额超过 50 亿美元的世界性企业。但是明基这一切的成就都来自于电脑产业，而这次投入巨资进入自己并不擅长的手机行业，未免太过草率。不同于越来越粗放化的电脑生产，手机生产需要更强的技术研发实力和对市场的及时把握，试想西门子这样的手机巨头都玩不转，明基这样的手机外行又如何能够胜任呢？

正是因为对自身实力的认识不足或是过于自信，只看到了市场的广阔前景而忽视了企业本身的整合开发能力，才导致明基接手西门子手机业务仅一年就陷入巨亏的泥潭，其警示意义不言而喻，很值得那些盲目追求发展速度的企业深思。

所以说放弃是一种基于战略的价值判断，是一种有进有退、以退为进、以攻为守、张弛有度的战略智慧。面对战略选择的诸多困境，选择放弃需要更大的勇气和胆识，需要非凡的毅力和智慧。企业家应该勇于摆脱成功光环的羁绊，把企业的利益作为最高的利益，把企业的可持续发展作为终极追求。

聪明的猴子因为被目标的美好幻象所迷惑而先得后失，而做企业，不但要对目标有充分全面的分析，还要对自身实力有清晰的判断，面对目标有的放矢，有所为有所不为，才能先失而后得，实现利益的最大化。

决断：不理性会死，没嗅觉也会死

◎ 警惕挫折投资

文 / 白立新 IBM（中国）运营战略首席顾问

> 1000万元买来的10辆宝马车，不会被人遗忘在某个角落；而1000万元买来的失败教训，往往却让人羞于提及。我们该如何管理"挫折投资"，认识"挫折回报率"？

有一家国有企业投资1000万元到莫桑比克买矿权，结果血本无归。既然是集体决策，自然也就是集体免责，最后就留下一句话：这1000万元算是我们花钱买了教训。花1000万元买来的教训一定很宝贵吧！可是，一年不到大家就把它忘得一干二净了，随后这家公司又在越南把一模一样的错误犯了一遍。

1000万元的教训

我想各位朋友也一定好奇，1000万元买来的教训怎么那么不值钱？如果是花1000万元买来10辆宝马车，这些宝马会被遗忘在仓库的某个角落中吗？

显然不会。一位知情人士跟我说，因为宝马坐着舒服，而那所谓的教训每次提起，就相当于戳人家的后背。反正已经在账上核销了，继续抓住辫子不放，做人有些不厚道了吧？

此话也有道理。那家国有企业规模不大，属地方国资委管理。由于国有企业所有者缺位，而且大家都是职业经理人，自然用不着太较真。最后企业领导给上面写个报告，做一下集体检讨，这事也就过去了。

如果换成民营企业，该是如何呢？大体有三种情况。一是老板自己犯的错误，与上面讲的一样，就算花钱买教训了；二是下属主管犯错误，责任人被骂得狗血喷头，然后收拾铺盖走人；三是"我亏了那么多，能捞回来多少？"

这第三种情况，就是我们要讨论的问题。

既然做企业难免遇到错误和挫折，"花钱买回来的教训"就应该成为一种财富；既然是财富，就值得我们关注其回报率。比如在此前的例子中，主管的决策失误导致了1000万元的损失；这1000万元财务上的损失，同时成为了企业学习的财富，因而我们就可以用"挫折回报率"来衡量这1000万元的财富创造了多少价值。

显而易见，这不像 ROI（投资回报率）或者 ROE（净资产收益率）那样容易衡量。直接的财务投资，将通过一段时间的建设而形成企业的能力，比如生产能力、研发和营销能力、数字化管理能力，然后通过这些能力创造价值。

而 ROM（挫折回报率）说的是失败的教训转换为企业无形的知识和经验，促使管理层和员工做出更多正确的决策，做出更富价值的工作，进而增加企业的价值。

比如在一家企业，由于错误的信息化实施策略导致了100万美元的损失，但是企业并未因噎废食，而是通过总结经验潜心研究，最后找到了一条独特的信息化路径，致使第二期200万美元的信息化投资取得了圆满成功。按照常规的估算，这200万美元的投资可以节约供应链总成本150万美元，实际上由于正确的推进策略，使得成本节约超过了250万美元，这多出来的100万美元收益就可以看作前期的挫折经验所创造的价值。

当然，这种算法也有问题。首先是150万美元的总成本节约是多种管理因素作用的结果，全部记在信息化的功劳簿上是否合适；其次，是否有令人信服的证据表明，多创造出的100万美元成本节约就归功于前期的信息化教训。所以，如果一定要算出个123，肯定会误入歧途。

让我们回归到"挫折回报率"的原点。我们需要的是一种方法，让大家关注"挫折"这笔财富能给我们带来的回报。这笔"挫折"投资其实就像人力资源投资以及信息化投资一样，其收益难以量化。难以量化也需要去关注，毕竟企业管理中95%的内容都是难以量化的。

挫折中学习的心态

在没有找到合适的会计方法衡量"挫折回报率"以前，不妨让我们关注以下几个基本问题：

第一，提高"挫折回报率"的前提：企业创始人或者主要领导者习惯于经常性的自省和反思吗？

第二，提高"挫折回报率"的常规途径：针对非战略性的决策问题，有没有合适的方法鼓励普通员工也从挫折中学习？

第三，提高"挫折回报率"的长效机制：如何将"挫折回报率"融入到领导力培养体系中，并最终成为企业文化的一部分？

显然，这三个基本问题都难以用公式来计算，决定这三个问题的因素，更多的是企业家的性格、心态与意识的偶然性。我们可以透过黄光裕和张近东两位企业家，来了解从挫折中学习所需的心态。

有效学习的前提是承认自己的无知，承认自己做错了事。因此，生命树教育机构首席咨询师曹廷辉说，自信的人学习速度最快，从挫折中崛起的速度也最快。

对于性格中包含明显自卑倾向的人而言，掩饰自己的短板都来不及，要他坦诚自己的过失则更难。实际上，自卑与自傲是一体的两面，自卑必自傲；

自卑者一定会不断通过盛气凌人来证明自己的强大。无论自卑还是自傲，都一样会拒绝向错误低头，因而会一再错过学习的机会。

我不知道曾经的首富黄光裕现在在做什么，但我希望他有朝一日能够以平和的心态重返商界。据说黄光裕从小家贫因而历经心酸。幼年生活的困顿和世态炎凉曾赋予了他一往无前的创业动力，但同样让他背负了沉重的心理十字架。我曾在黄光裕的鹏润大厦写字楼上班两年多，接近黄光裕的人跟我说，任何人都不要指望在黄光裕面前留有尊严。这位同事的话肯定是言过其实了，但是看得出，为了弥合少年时的创伤，黄光裕付出了多大的代价。

与黄光裕同样富可敌国的张近东则从容得多。张近东说："童年的经历对我影响最大，因为我小时候很苦，这让我在成年以后，希望能改变这种生活，能够解脱或者改变贫穷命运，所以有了对工作对事业的执着追求。"

这似乎是富豪的标准说法。不过，张近东的确比黄光裕幸运，他显得更加自信，因而不像黄光裕那样喜欢"较劲"。张近东的自信体现在两个方面：

首先，不抱怨。无论是国进民退还是国退民进，在张近东看来机会还是把握在自己手里，与其让抱怨削弱斗志，不如挑战自己和团队，去抓住新的机会。

其次，不懈怠。苏宁的企业精神就是执着拼搏、永不言败。张近东说，做企业是没有终点的马拉松，因而永远都不能懈怠。我把稻盛和夫的《活法》送给他。稻盛和夫说："只要你全力以赴，神就会出现，助你一臂之力。"张近东点头称是。

设想黄光裕和张近东同时遇到一次严重的挫折的话，我相信张近东的心态会更平和，从挫折中汲取经验和教训的能力也更强，因而他的企业"挫折回报率"也就会高一些。

行动后反思

在战场上,挫折意味着生命,因而军队更在意"挫折回报率"。

行动后反思是美国陆军提出的一项军队学习方法。其目的在于学习,而不是奖惩;重点是接受经验并快速行动,而不是反复地分析。彼得·圣吉在《变革之舞》一书中反复提及"行动后反思"机制达9次之多。

六步法的"行动后反思"简洁明了,实在是提高"挫折回报率"的经典之作:

步骤一:当初行动的意图是什么——当初行动的意图或目的为何?当初行动时尝试要达成什么?应该怎样达成?

步骤二:实际发生了什么——实际上发生了什么事?为什么?怎么发生的?真实地重现过去所发生的事,并不容易。有两个方法比较常用:(1)依时间顺序重组事件;(2)成员回忆他们所认为的关键事件,优先分析关键事件。

步骤三:从中学到了什么——我们从过程中学到了什么新东西?如果有人要进行同样的行动,我会给他什么建议?

步骤四:可以采取哪些行动——接下来我们该做些什么?哪些是我们可直接行动的?哪些是其他层级才能处理的?是否要向上呈报?

步骤五:立即采取行动——知识存在于行动中,知识必须透过应用才会发挥效用,必须产生某些改变才是所谓的学习。

步骤六:尽快分享给他人——谁需要知道我们生产的这些知识?他们需要知道什么?怎样把有用的知识有效地传递给组织中其他需要的人?

商场如战场。局面越难以掌控,可能遭遇的挫折就越多。"挫折回报率"或许可以作为一个指标,衡量一家企业、一个组织的学习能力。

说易行难。从挫折中学习,需要克服人性的弱点;偶尔为之尚可,要形成企业的文化,需要领导的垂范以及多年的积累才行。

◎ 王安石的四大昏招

文 / 易中天 厦门大学人文学院教授

> 不管是政府的改革，还是企业的转型，大都有着善意的动机和至高的道德出发点，但有时候却以失败告终。在总结经验时，偷懒者往往以"小人乱政"来进行道德谴责，上纲上线，而忽视了制度平台的缺失、方案设计的漏洞百出，以及利益群体的天然博弈。结果只能是好心办坏事！

王安石变法为何失败，在历史上一直争议很大。他上有当朝皇帝宋神宗的倾力支持，下有黎民百姓的民心所向，而且自己改革意志坚定，但为何最终一败涂地？

决策：把改革派逼成了保守派

历史书上总把王安石变法失败的罪过归结为保守派官员的阻挠。那么在皇帝乾纲独断的宋朝，所谓保守派为何不给皇帝面子，要去跟当朝红人王安石作对呢？

翻开历史，反对变法的头号人物是司马光。他们两个都是国家的栋梁之材。一旦相对抗，那可真是棋逢对手，将遇良才。而且司马光旧党这边人才济济。司马光、欧阳修、苏东坡，个个都是重量级人物。其余如文彦博、韩琦、范纯仁，亦均为一时之选。更重要的是，他们原本也都是改革派。比如枢密使文彦博，就曾与司马光的恩师庞籍一起冒死进行过军事制度的改革；韩琦则和范纯仁的父亲范仲淹一起，在宋仁宗庆历年间实行过"新政"。而且，从某种意义上说，范仲淹的新政正是王安石变法的前奏。

事实上正如南宋陈亮所言，那个时期的名士们"常患法之不变"，没有什么人是保守派。只不过，王安石一当政，他们就做不成改革派了，只好去做保守派。

那么，原本同为改革派，且都想刷新政治的新旧两党，他们的分歧究竟在哪里呢？

在乎动机与效果。

王安石是一个动机至上主义者。在他看来，只要有一个好的动机，并坚持不懈，就一定会有一个好的效果。因此，面对朝中大臣一次又一次的诘难，王安石咬紧牙关不松口："天变不足畏，人言不足恤，祖宗之法不可守。"这就是他有名的"三不主义"。王安石甚至扬言："当世人不知我，后世人当谢我。"有此信念，他理直气壮，他信心百倍，他无所畏惧。

的确，王安石的变法具有独断专行、不计后果的特征。熙宁四年（公元1071年），开封知府韩维报告说，境内民众为了规避保甲法，竟有"截指断腕者"。宋神宗问王安石，王安石不屑一顾地回答说：这事靠不住。就算靠得住，也没什么了不起！那些士大夫尚且不能理解新法，何况老百姓！这话连神宗听了都觉得过分，便委婉地说："民言合而听之则胜，亦不可不畏也。"但王安石显然不以为然。在他看来，就连士大夫的意见，也都是可以不予理睬的，什么民意民心之类，就更加无足轻重！即便民众的利益受到一些损失，那也只是改革的成本。这些成本是必须付出的，因此也是可以忽略不计的。

王安石的一意孤行弄得他众叛亲离。朝中那些大臣，有的原本是他的靠山，如韩维、吕公著；有的原本是他的荐主，如文彦博、欧阳修；有的原本是他的领导，如富弼、韩琦；有的原本是他的朋友，如范镇、司马光。但因为不同意他的一些做法，便遭到不遗余力的排斥。司马光出于朋友情分，三次写信予以劝谏，希望他能听听不同意见，王安石则是看见一条驳一条。如此执迷不悟，司马光只好和他分道扬镳。

前面说过，司马光他们原本也是改革派，只不过和王安石相比，他们更看重效果而已。可以肯定地说，对于帝国和王朝的弊病，司马光比王安石看得更清楚、更透彻。这是他主张渐进式改革的原因所在。不要以为变法就好。有好的变法，有不好的变法。前者催生国富民强，后者导致国破家亡。而一种改革究竟是好是坏，也不能只看动机，得看效果。

王安石变法的效果实在是不佳，甚至与他的初衷背道而驰。新法的本意，是民富国强，结果却是民怨沸腾，甚至发生了东明县农民一千多人集体进京上访，在王安石住宅前闹事的事情。两宫太后甚至声泪俱下地说"安石乱天下"。这不能不让皇帝动心，于是下诏暂停青苗、免税、方田、保甲等八项新法。

那么，事情为什么会是这样？难道他的新法真有问题？并非如此！

执行：善意的方案扩张了腐败的空间

不要以为贪官污吏害怕改革。不！他们不害怕改革，只害怕什么事情都没有，什么事情都不做。如果无为而治，他们就没有理由也没有办法捞钱了。

如果就事论事，就法论法，这些新法本身并无大错。它们无一不是出自良好的愿望，甚至是很替农民着想的。按理，这次变法，不该是这个结果。

就说青苗法。平心而论，青苗法应该是新法中最能兼顾国家和民众利益的一种了。一年当中，农民最苦的是春天"青黄不接"之时。

这时候，农民只好向那些富户人家借钱借粮，约定夏粮秋粮成熟后，加息偿还。利息当然是很高的，是一种高利贷。

所谓青苗法，说白了，就是由国家替代富户来发放这种"抵押贷款"。所定的利息，自然较富户为低。这样做的好处，是可以"摧兼并，济贫乏"，既免除农民所受的高利贷盘剥，也增加国家的财政收入。这当然是两全其美的事。至少，在王安石他们看来，农民向官府借贷，总比向地主借好（靠得住，也少受剥削）；农民向官府还贷，也总比还给地主好。还给地主，肥了私人；还给官府，富了国家。农民没有增加负担，国家却增加了收入，这难道不是好办法？

实行青苗法所需的经费，也不成问题。因为各地都有常平仓和广惠仓。常平仓就是专门用来储存平抑物价之粮食的仓库。至于广惠仓，则是用于防灾救济的国家储备粮库。

王安石的办法，是变"常平法"为"青苗法"，即将常平仓和广惠仓卖出陈米的钱用来做"青黄不接"时的"抵押贷款"。这也是一箭多雕的。"青黄不接"时，粮价飞涨，卖出仓内陈谷，可以平抑物价，此其一；卖粮所得之资可以用于贷款，此其二；平价粮食和抵押贷款都能救济农民，此其三；国家凭此贷款可以获得利息，此其四。当然，奸商富豪受到抑制，农民负担得以减轻，也是好处之一。总之，青苗贷款利息较低，农民负担得起；所卖原本库中陈粮，国家负担不重。何况官府借出余粮，可解农民燃眉之急；秋后收回利息，可增王朝国库之资。这难道不是公私两利？难怪王安石会夸下海口：我不用增加赋税也能增加国库收入（民不加赋而国用足）。

然而实际操作下来的结果却极其可怕。

首先利息并不低。王安石定的标准，是年息2分，即贷款1万，借期1年，利息2000。这其实已经很高了，而各地还要加码。地方上的具体做法是，春季发放一次贷款，半年后就收回，取利2分。秋季又发放一次贷款，半年后又收回，再取利2分。结果，贷款1万，借期1年，利息4000。原本应该充分考虑农民利益的低息贷款，变成了一种官府垄断的高利贷。而且，由于执行不一，有些地方利息之高，竟达到原先设定的三五倍！

利息高不说，手续还麻烦。过去，农民向地主贷款，双方讲好价钱即可成交。现在向官府贷款，先要申请，后要审批，最后要还贷。道道手续，都要求人托情，给胥吏衙役交"好处费"。每过一道程序，就被贪官污吏敲诈勒索从中盘剥一回。这还是手续简便的。如果烦琐一点，则更不知要交费几何！农民身上有多少毛，经得起他们这样拔？更可怕的是，为了推行新政，王安石给全国各地都下达了贷款指标，规定各州各县每年必须贷出多少。这样一来，地方官就只好硬性摊派了。当然，层层摊派的同时，还照例有层层加码。于是，不但贫下中农，就连富裕中农和富农、地主，也得"奉旨贷款"。不贷是不行的，因为贷款已然"立法"。你不贷款，就是犯法！结果，老百姓增加了负担，地方官增加了收入。而且，他们的寻租又多了一个旗号，可以假改革之名行腐败之实了。

改革帮了腐败的忙，这恐怕是王安石始料未及的吧？

只要朝廷有动作，他们就有办法，倒不在乎这动作是改革还是别的什么。比方说，朝廷要征兵，他们就收征兵费；要办学，他们就收办学费；要剿匪，他们就收剿匪费。反正只要上面一声令下，他们就趁机雁过拔毛！何况这次改革的直接目的原本就是要增加国家财政收入。这样一种改革，说得好听叫理财，说得不好听就只能叫聚敛。变法以后，神宗新建的32座内殿库房堆满绢缎，只好再造库房。

微观：政府做生意越俎代庖

王安石许多新法的本意，是要"公私两利"的。青苗法如此，市易法和均输法也一样。

市易法是这样的，为了防止富户奸商囤积居奇，牟取暴利，于是由朝廷拨款一百万贯为本，设置"常平市易司"来管理市场，物价低时增价收购，物价高时减价出售，控制商业贸易。

均输法的用意也是好的。在王朝时代，地方上每年都要向中央运送财物，以供国家必要之需。王安石为了改变各地因为不同年份收成波动的影响，拨款五百万贯（另加三百万石米）为本，由朝廷任命的"发运使"来统筹上供之事，以便哪里的东西便宜就在哪里购买。国库里面剩余的物资，则由"发运使"卖到物价高的地区去。这样两头都有差价，多出来的钱，就成为国家财政的又一项收入。这个办法，也可以说就是变"地方贡奉"为"中央采购"，观念也够超前的。但这样一来，所谓"发运使衙门"就变成了一家最大的国有企业，而且是垄断企业了。

那么，政府部门办企业会是一个什么样的结果？何况王安石的办法还不是政府部门办企业，而是由政府直接做生意，结果自然只能是为腐败大开方便之门。

当时代理开封府推官的苏轼就说均输法弊端甚多，断言朝廷只怕连本钱都收不回！就算"薄有所获"，也不会比向商人征税来得多。这是毋庸置疑的。因为我们比谁都清楚"官倒"、官方采购是怎么回事。那可真是不买对的，只买贵的，不是品牌不要，没有回扣不买。所以官方采购贵于民间采购，也就不足为奇。至于官方经商，就更是有百弊无一利。事实上所谓"市易司"，后来就变成了最大的投机倒把商。他们的任务，原本是购买滞销商品，但实际上却专门抢购紧俏物资。因为只有这样，他们才能完成朝廷下达的利润指标，也才能从中渔利，中饱私囊。显然，在这一点上，所谓"保守派"的意见其实是对的：商业贸易只能是民间的事。官方经商，必定祸国殃民。

制度：缺乏体制平台，无关小人

实际上，王安石变法失败，既非如反对派所说是因为"小人乱政"，也非如改革派所说是因为"小人坏法"，而是因为缺少相应的制度平台和文化环境。

变法的失败是王安石万万没有想到的。平心而论，王安石确实是中国历史上为数不多的几个既有热情又有头脑的改革者之一。为了改革，他殚精竭虑、恪尽职守，不但弄得身心交瘁、众叛亲离，而且搭上了爱子的性命。何况他的新法本意都是深思熟虑且利国利民的。保守派执政以后，新法接连被废，辞官在家的王安石闻讯均默然无语，不久忧病而死。

一代伟人抱憾而终，而且争议不断。

争论起先照例停留在道德的层面上。道德的谴责在变法之初就开始了。早在司马光之前，御史中丞吕诲就曾上书弹劾王安石，说他"大奸似忠，大佞似信""罔上欺下，文过饰非，误天下苍生"等。当然，诸如此类的道德攻击从来就不会只是单方面的。王安石同样攻击司马光是"外托劘上（直言谏诤）之名，内怀附下（收买人心）之实，所言尽害政之事，所与尽害政之人"。这就无异于说司马光两面三刀，是朝廷的害群之马了。

但这并不能说明什么。其实王安石和司马光都既不是奸佞，也不是小人。他们的个人品质，用当时的道德标准来衡量，应该说都是过硬的。

王安石质朴、节俭、博学、多才，在当时士大夫中有极高威望，而且很可能是历史上唯一不坐轿子不纳妾、死后无任何遗产的宰相。为了推行新政，王安石当然要打击、排斥、清洗反对派，但也仅仅是将其降职或外放，从不罗织罪名陷害对手，也从未企图将对方置于死地。甚至，当"乌台诗案"发生时，已经辞官的王安石还挺身而出上书皇帝，营救朋友兼政敌苏东坡，直言"岂有圣世而杀才士乎"。

司马光也有着政治家的大度和正派人的品格。他只反对王安石的政策，不否定王安石的为人，反倒说"介甫文章节义，过人处甚多"。王安石去世后，卧病在床的司马光更建议朝廷厚加赠恤。司马光说："介甫无他，但执拗耳！赠恤之典，宜厚大哉。"这应该说是实事求是的。

事实上，在我看来，敌对双方的如此相处，不仅是道德高尚，而且是政治文明。中国历史中，似乎只有宋朝才能做到这一点。东汉的党锢，晚唐的党争，明末阉党与东林党人的斗争，可都是刀光剑影、血雨腥风的。这无疑与宋代的政策有关。大宋王朝自建国之日起，便实行优待士大夫的基本国策，官俸之高又居历代之首，因此大都过得十分滋润。"学而优则仕，仕而优则学"，由此便形成了一个堪称"精神贵族"的士大夫阶层。既然是"精神贵族"，自然"费厄泼赖"。同样，则不难人才辈出，并惺惺相惜，因敬畏学术而敬重对方。

可惜当时的体制未能为这种政治文明提供一个制度平台。的确，大宋王朝如果实行的是共和制度，王安石上台，司马光在野相助，司马光执政，王安石善意监督，那么，变法也好，或者别的什么政策也好，又岂能是前面所说的那种结果？实际上，王安石变法的失败，既非如反对派所说是因为"小人乱政"，也非如改革派所说是因为"小人坏法"，而是因为缺少相应的制度平台和文化环境。

因此，原本是好朋友的王安石和司马光，便只好变成你死我活、势不两立的死对头，大宋王朝也元气大伤。

实际上，王安石的改革如果能够稳健一些，也不至于弄得那样民怨沸腾。"秦人不暇自哀，而后人哀之。后人哀之而不鉴之，亦使后人而复哀后人也！"同样，如果我们今天仍然只知道以政治态度（改革与否）画线，对历史和历史人物进行道德层面上的批评，却不知道将九百多年前那次改革的成败得失引以为戒，那才真是哀莫大焉啊！

◎ 只有德国人才犯的错误

文 / 黄铁鹰　北京大学光华管理学院访问教授

> 雷曼兄弟公司申请破产的消息传遍全球时，德国国家发展银行却依然向即将冻结的雷曼账户转入了 3.5 亿欧元。而所有的高管都认为自己严格遵守了系统的流程，那么这 3.5 亿欧元是如何平白无故地被系统吞噬的呢？

现在电视和报纸里，说到金融危机，用得最多的词就是金融高管的贪婪和金融体系的系统风险。为此各国领袖频频开会要解决这两个罪魁祸首。人的贪婪，大家都知道是怎么回事，但一说到系统风险，有些人就开始蒙了。

下面这个发生在德国一家银行的真实故事，就给我们提供了一个典型的系统风险案例。

2008 年 9 月 15 日上午 10 点，美国第四大投资银行——雷曼兄弟公司向法院申请破产保护，消息瞬间传遍地球的各个角落。然而匪夷所思的是，在如此明朗的情况下，德国国家发展银行居然还按原来同雷曼银行签的外汇掉期协议，在 10 点 10 分通过计算机自动付款系统，向雷曼兄弟公司即将冻结的银行账户转入了 3.5 亿欧元。毫无疑问，这 3.5 亿欧元将是肉包子打狗——有去无回。

最愚蠢银行的无罪辩护

转账风波曝光后，德国社会舆论哗然。有报纸在9月18日头版的标题中，指责德国国家发展银行是迄今"德国最愚蠢的银行"。

调查人员先后询问了该银行涉及这笔交易流程中的数十名相关人员，几天后，向国会和财政部递交了一份调查报告。报告并不复杂，只是记载了被询问的人员在这十分钟内忙了些什么。

首席执行官乌尔里奇·施罗德："我知道今天要按照协议约定转账，至于是否撤销这笔巨额交易，应该由董事会讨论决定。"

董事长保卢斯："我们还没有得到风险评估报告，无法及时做出正确的决策。"

董事会秘书史里芬："我打电话给国际业务部催要风险评估报告，可那里总是占线，我想还是隔一会儿再打吧。"

国际业务部经理克鲁克："星期五晚上准备带上全家人去听音乐会，我得提前打电话预订门票。"

国际业务部副经理伊梅尔曼："忙于其他事情，没有时间去关心雷曼兄弟公司的消息。"

负责处理与雷曼兄弟公司业务的高级经理希特霍芬："我让文员上网浏览新闻，一旦有雷曼兄弟公司的消息就立即报告，现在我要去休息室喝杯咖啡了。"

文员施特鲁克："10点03分，我在网上看到了雷曼兄弟公司向法院申请破产保护的新闻，马上就跑到希特霍芬的办公室，可是他不在，我就写了张便条放在办公桌上，他回来后会看到的。"

结算部经理德尔布吕克："今天是协议规定的交易日子，我没有接到停止交易的指令，那就按照原计划转账吧。"

结算部自动付款系统操作员曼斯坦因："德尔布吕克让我执行转账操作，

我什么也没问就做了。"

信贷部经理莫德尔:"我在走廊里碰到了施特鲁克,他告诉我雷曼兄弟公司的破产消息,但是我相信希特霍芬和其他职员的专业素养,一定不会犯低级错误,因此也没必要提醒他们。"

公关部经理贝克:"雷曼兄弟公司破产是板上钉钉的事,我想跟乌尔里奇·施罗德谈谈这件事,但上午要会见几个克罗地亚客人,等下午再找他也不迟,反正不差这几个小时。"

事情发生后,德国经济评论家哈恩评论说:"在这家银行,上到董事长,下到操作员,没有一个人是愚蠢的。可悲的是,几乎在同一时间,每个人都开了点小差,加在一起就创造出了'德国最愚蠢的银行'。实际上,只要当中有一个人认真负责一点,那么这场悲剧就不会发生。演绎一场悲剧,短短十分钟就已足够。"

3.5 亿欧元的消逝轨迹

每个人看到该故事都会生出一种奇怪的感觉,连普通老百姓都知道,当一个公司破产了,所有与它有生意往来的人都应该立即停止同它交易,因为公司一旦破产,它在法律上就不再履行正常商业责任。

可是在雷曼兄弟宣布破产后,这个银行还按事先的约定跟它做了这笔外汇掉期交易。为什么?因为在这个银行的付款流程中没有一个控制点,能在生意伙伴破产的第一时间,发出一个指令让这笔荒唐的付款自动停止。这就是系统风险。

各国银行之间的外汇掉期业务,是每天的经常性业务。如果再有别的银行倒闭,从德国发展银行的付款流程控制系统来看,它也是无法及时停止支付的,因为,控制这个流程的当事人所犯的"错误"都是人的正常工作态度和节奏。老虎还有打盹的时候呢，谁能总是保证第一时间知道消息？电脑倒是不睡觉，但电脑是不能代替人对这样突发事件进行判断的。

所谓外汇掉期业务，听起来玄乎，其实简单。

比如，美国银行的客户要用马克买德国的机器，德国银行的客户要用美元买美国的飞机；德国的银行有马克，美国的银行有美元，因此双方要为各自的客户在某一个时间点互相兑换货币。

据悉，当天德国发展银行要做的外汇掉期业务一共是147笔，也就是说这3.5亿欧元只是147笔中的一笔。这147笔的掉期业务都是事先双方约定好的，进入计算机转账程序的。因此，只要没有特殊情况，一线操作人员都会按事先约定的时间，按下转账键。

难怪德国财政部长听完调查汇报后，说了一句：这个系统真可怕！因为在金融风暴最危急的时候，银行倒闭的传闻不绝于耳，花旗银行要倒闭了，汇丰也不行了，瑞银也快玩完了……所有银行都成了惊弓之鸟。如不按原来的合同支付，要冒违约风险；支付了，就有可能肉包子打狗。

全世界银行在当时的对策都是活命要紧，什么信用都不要了，谁也不相信谁，宁可冒着违约的风险，谁的钱都停付了。可惜，对个体有利的事对整体往往不是好事。当银行都不讲信用了，银行业整体安全就出了问题，因为到头来所有银行都是欠别人的钱多，当存款者开始集体挤兑时，银行就要倒闭了，全球金融危机就这样酿成了。当然这是题外话。

当德国发展银行在别人都捂着钱包违约时，它还对一个已经宣布破产的银行"重合同，守信誉"，这无疑是一个绝对低级的错误。

可是世界上很少有福祸不参半的事，这件事尽管让同行笑掉大牙，两个执行董事也为此丢了饭碗。可是不也正恰恰说明德国人遵守规则的文化？这3.5亿欧元的损失毫无疑问为德国人的信誉增了彩。

这个事发生在德国是太合适了，德国人向来以做事严谨赢得世人的尊敬。要想做事严谨，就必须严格按流程和制度办事。因此，尽管流程中执行付款的德国银行职员，已经知道雷曼兄弟倒闭的消息，但没有收到停止交易的指令，还是按章办事支付了这笔钱。

德国人严谨得近似于电脑。记得一个有关"二战"的喜剧电影用一个很生动的情节描写了德国人这种秉性。法国游击队知道德国摩托车巡逻兵就是按照公路上画的白线开车，于是就偷偷把这条白线在悬崖转弯处，画向海里，结果第一个德国摩托巡逻兵，跟着这条白线开进海里，后边的就一个跟着一个都掉进海里。

其实正是这种严格按流程和制度办事的文化，才使得德国人生产的汽车和机械牢牢雄霸了世界的制高点，因为可靠的工具设备，一定出自于可靠之手。也正是这种文化，让德国人在战争史上，创造了数次永载世界军事史的奇迹，因为军队最需要的是按统一命令行动，德国士兵恰恰是纪律性最强的士兵。千万不要以为，这种按章办事的死板文化压抑人的创造性，其实也正是这种严谨的文化，让德国为人类近代科学史贡献了一大批影响人类进程的科学家和思想家。

"德国式生活"的系统风险

其实这家德国银行有点冤枉，它的支付系统本来是可靠的，只不过在遇到百年不遇的金融危机时，有点失灵了。这像人类建造房子，建造房屋的抗震系数是抗百年不遇的地震，还是千年不遇的？如果是按千年不遇的抗震系数建，可能很多人住不起房子。

我们今天所经历的金融风暴，很多人说是百年不遇，其实不对！应该是人类从来没有见过的才对，因为人类的经济从来没有像今天这样紧密和即时地连在一起，任何一个有一定重量的国家或银行出问题，都会在第一时间成为全球性的事件。

看了德国发展银行的故事，我曾设想这家银行的高管，为什么不安排人24小时值班来监控全球各地的经济动态，如果在2008年9月14日，也就是雷曼兄弟宣布破产的前一天，值班人员能监控美国已放出雷曼兄弟星期一就要申请破产的一连串消息，那么值班人员也会通知有关人员，这笔3.5亿欧元的损失就有可能避免。

可惜9月14日是星期天。

德国发展银行没有人在星期天工作。德国人真是从容，在全球金融危机时，银行高管不仅不安排人值班，自己也不在家上网看看有关重大新闻？

我估计德国发展银行高管的家里可能都没有宽带上网，因为据尼尔森调查报告显示：德国的互联网普及率在12个发达国家中排末位！

这就是德国人的生活态度。工作是工作，休息是休息，二者必须严格区分。正是因为如此，到德国旅行的人往往很别扭。一到周六，所有商店都早早关了门；星期天全体德国人好像都停止工作了，银行、商店、餐馆一律不开门；当地人携家带口，有的甚至还戴着礼帽或系着围巾，去公园、博物馆……到处冒出一群群像职业运动员的人，在跑步、骑自行车、踢足球、划艇……

有经济学家说，因为德国人这种生活态度，使得德国在近30年来的生产率增长输给大西洋对岸的美国。可是德国人好像对此评论不以为然，依然我行我素。结果面对这次金融危机，德国发展银行出了这么一个笑话。

天下没有白吃的午餐，生活要想从容些，是要付出成本的。

这个成本值不值？我跟一个在美国做投行的朋友讨论这个故事。他认为值。

他说："一个人、一个公司、一个民族如果时刻准备应付百年不遇的危机，就必须总保持惊弓之鸟的状态。这样的生活累不累？当然累！这种状态自然也不能保证持续的高质量的工作。这就是我们这行人的生活和工作状态，我休假在海滩有时还要上网看行情。

"我现在失业了，才明白人活着的目的尽管很复杂，但有一点是肯定的——人活着不是为了工作，工作是为了人更好的生活。难怪2008年和2009年公布的世界最适宜人类居住的城市，人口只为美国1/5的德国有三个城市进入前十名；而世界经济领导者和金融危机发源地——美国，居然连一个都没有。"

当我把这个故事讲给一个住在深圳的潮州朋友听，他对德国人的做法很不以为然！

他说："3.5亿欧元，那就是35亿人民币，就这么白白扔了！德国人如果不改变这种工作态度，早晚会被中国人淘汰掉！"

他是1986年来深圳打拼的，刚开始在菜市场帮人卖青菜和水果。晚间就睡在菜床下面，有人来买东西，从睡梦中爬起来就给人家称。他现在发达了，尽管已有上亿资产，可是工作仍然永远排在生活前面。他现在很郁闷，因为金融危机来了，生意清闲许多，他每天不知怎么打发时间。

决断：不理性会死，没嗅觉也会死

◎ 好企业要像机器一样僵化

文／栾润峰 金和软件总裁，中国精确管理研究院院长

> 企业要建成僵化的机器，就必须忍受暂时的低效和死板，因为只有暂时的低效和死板才能换来企业长远效率和整体外在表现的提高。

通过我的管理实践和我对管理的学习和研究，我认为中国的公司要成为世界级的伟大公司几乎是不可能的。按照目前的习惯，我们只可能是灵活有余，要真正做一个大规模的组织体系则是不足，因为中国人有太多的聪明，太多的灵活，"随意现象"普遍存在于每一个中国人的心里，所以我提出：一个好的企业应该像机器一样僵化。

之所以提出企业要僵化，是因为如果中国的公司希望能够更上一层楼，能够真正使我们的财富，即我们的智慧和思维服务于更多的人，我们要做的一件事就是不能让一个组织由个人的即时发挥、创意来保证最终的产品质量，而应该由一个组织、一个严谨设定的流程来保证产品质量。只有这样才能实现一致性，否则人家不敢吃我们企业生产的"饺子"。因为人家不知道哪个"饺子"有"毒"，前面吃的第一袋"饺子"挺好，第三袋"有毒"吃出了问题，你还敢吃第四袋吗？不敢，因为这样的企业不能做到第一袋"饺子"是好的，后面的就保证没有问题。但是僵化又是痛苦的，痛苦的第一关就是太死板，效率太低，企业要建成僵化的机器，就必须忍受暂时的低效和死板，因为只

有暂时的低效和死板才能换来企业长远效率和整体外在表现的提高，如果不这样做，看起来取得一点点成绩，但是这样下去，一个企业就走不远。

如果企业不僵化，当面对更多的客户和工作的时候，可能出现信息传播的不一致，就像"精确管理"里面讲的"十二月现象"一样，是一个心电图现象，把人搞得胆战心惊。如同最近的股市，不是牛市也不是熊市，是"猴市"——上蹿下跳。外界搞不清楚，因为这个企业对外有些喜怒无常，当然，如果这个企业希望服务的对象有限、市场有限、规模有限，就大可不必担心外界的反应了。

很多人知道，IBM是世界上组织结构最为严密的企业，这个企业是微软认为唯一能够与之竞争的对手。多年前我在IBM工作的时候，我向别人请教IBM到底是一个什么样的公司，当时的讲话我不大理解，他们说IBM就是一个机器，通过这么一个机器来帮助人提高水平，使得IBM整体效率最高。还有以狼性文化著称的华为，现在世界上通信行业的顶尖公司也怕华为，不是怕低价，而是怕华为的技术。一个中国的公司为什么能够做到这一点，因为任正非之前也做了一件事情，就是僵化。当然，是任正非在付出了很大的代价，后来有了钱之后才请IBM帮助做的僵化。

有了前人之鉴，我们的企业如果还有长远的规划，为何不尽早僵化呢？

职场
生 死 线

用人：
用得好叫骨干，用不好叫硬骨头

公司之大，无奇不有。但总有一些"硬骨头"，与众不同的才华伴随与众不同的性格，用之难受，弃之可惜。容人的气度，用人的智慧，都在这个时候考验老板。

◎ "将将"的底线是让其没有安全感

文 / 孙力 深圳天赛公司董事、总经理

> "将兵"只要把具体的事情做好就行了,而"将将"则要不时去探查别人的心理底线,同时也要为自己制定心理底线。

2008年年初的暴风雪,考验了中国政府应对气象危机的能力。而我在春节期间,也闭关在家,经受着内心的考验。相对暴风雪的严寒酷冷,对我的考验,却发生在甜蜜的背景下——2007年年底,公司的销售额提前突破2亿元,我一拿到报表,马上委托朋友请猎头公司寻找行业内的CEO人选。我不是要炒掉现任总经理曾华,而是怕他要炒掉我,预先做点准备。令我喜忧参半的是,曾华也列入了猎头公司推荐的前五名人选,这说明我到底是慧眼识珠,用了一名人才。但也说明外界都知道曾华的实力。而且猎头公司为曾华开出的年薪是150万元,我现在给他的只有90万元。我不知道曾华是否主动和猎头公司联系过,但说明这已经是一个不稳定的结构。

面对无欲的"功臣"

说起曾华,他为公司的跨越式发展立下了汗马功劳。

3年前,我的公司还是一家民营化妆品企业。虽然经营了将近10年,在某些地区有一定品牌知名度,但近几年的销售额一直徘徊在5000万元左右,利润寥寥无几,只能说是在中外各大强势品牌的夹缝中辛辛苦苦地谋求生存。在

用人：用得好叫骨干，用不好叫硬骨头

化妆品行业有个共识，数千万销量的公司，如果能够冲破1个亿的关口，那么就可能形成良性循环。但在我的努力下，公司似乎难以突破5000万元的僵局。

经过深刻分析，我认为我温和的性格可能是造成困局的主要原因。因此，我想到要引进一头"狮子"，来改造公司的现状。

在我面试了七八个候补对象后，曾华经过朋友举荐进入我的视野。曾华原是行业内另一家民企的营销主管，我也有所耳闻。面试时我和曾华谈得很投机，对企业发展思路、营销战略我们都颇有共识，最后谈定他加盟我的公司，年薪50万元，在2年内销售额要突破1亿元。

曾华不愧是狼性十足的人，执行力很强，一上任就把公司的破损率从3%降到1%，马上就节省了100万元的成本。我心中一阵暗喜：还行，至少他把自己的年薪赚出来了。他第二把火是整理销售团队，使业绩上扬，销售人员的收入提高，队伍的士气旺盛，昔日的羊群开始变得富于竞争性。他第三招是开发新品，推出了纯植物提炼的化妆美容合效产品，在市场上一炮打响。

随后，我将曾华提为常务副总，并为他出资进修EMBA。而我自己的精力主要投向我真正感兴趣的文化产业。当然，作为一个老板，我并没有对化妆品公司放任不管，每月的财务报表都要仔细审查，隔几天就到公司转转，和各部门的头头聊聊，让他们知道，我才是公司的实际主人。

销售额在上升，利润也水涨船高，产品逐步完善，销售团队变成能征善战的狮群。但随之而来的，是曾华的自信越来越强。在公司决策会议上，虽然他对我的不同意见基本不公开反驳，但背地里总会找我商榷，直到我同意他的想法，而事实也证明他的想法对多错少。

为了笼络这个人才，我将曾华提升为总经理，并给他买了住房，经过2007年的高涨，住房的市值已超过了200万元。

即使这样，我晚上还是常常睡不着觉，因为曾华对公司已是个举足轻重

的人物，我尝到古人所说的"功高震主"的感觉。这时的我，就像一个买了绩优股的股民一样，因为股票升值太快，总担心随时会有一波大跌行情，想抛舍不得，想持有又怕与日俱增的风险。

我暗中找公司的销售渠道和供应商了解过情况，发现曾华并没有向他们索要过好处和回扣，这让我欣喜之余，却有些失望。如果他在公司内部做一点我能容忍的手脚，为自己捞点好处，我觉得他的欲望有个合适的满足渠道，那么他离开公司，另谋他就的可能性会少一些。但像现在这样洁身自好，要么他确实有点愚忠，要么是其志向不小。

这社会还有愚忠的能人吗？我不相信。即使有，这种六合彩也不可能让我中到。

左右为难的"将将"

通过猎头公司，我知道了曾华的身价。至少，我能在曾华找我谈判之前，主动做出应对决策。

现在，曾华的年薪是90万，要给到150万，公司并不是支付不起，我也不是不愿意给。但我一直担心的是，年薪给高了，曾华过几年将有足够的积蓄，去合伙创办自己的企业，那样不仅会和我在市场上兵戎相见，还可能带走整个销售团队，那我不就养虎成患了吗？这样的事，在中国商界，实在屡见不鲜。

过年前，我忐忑不安地发完全体员工的年终奖，但特意留下曾华的那份，告诉他春节后再发，我实在担心他拿完奖金就提出走人的要求。

春节闭关在家，我好好研究了一些中国人的古典智慧，觉得当年刘邦对韩信的情形，和我的处境有些类似。韩信是个"将兵"之人，善于打仗，而刘邦是个"将将"之人，善于治人。刘邦让爱打仗的人有大仗打，让他打得痛快过瘾，满足了韩信的需求，就把他牢牢控制在手里了。

用人：用得好叫骨干，用不好叫硬骨头

曾华有什么需求呢？我在家无事，就对他进行SWOT分析，他显然是个爱做事胜过爱钱的人，希望从自己的决策和行动中，马上看到成功的显效。但总有一天，他会要求分享这成功，像他这种原则性很强的人，一旦提出自己的要求，那绝不是轻易给些钱就能打发的。

主动出击，先发制人

给能干的职业经理人以适当的股份，是当下一个流行的选择，但我到底应该给曾华多少才适当呢？给得少，可能让他觉得自己受到小视，反而激怒了他。但给得多了，先撇开割肉让人心疼不说，从企业经营上讲，一来可能诱发他的贪欲，二来如果他的能力和表现不能持久，将来再要引进人才，难道又要照搬，割让大额股份？这恐怕就会让公司经营难以为继了。

我这时才明白，"将兵"很难，但"将将"也不容易。因为"将兵"只要把具体的事情做好就行了，而"将将"则要不时去探查别人的心理底线，同时也要为自己制定心理底线。刘邦"将"好了将，最后赢得了天下，而《水浒》中的白衣秀士王伦没有"将"好将，反而被善于"将兵"的林冲一刀结果了性命。"将将"的所得和风险，都比"将兵"大得多。

我想，过年后趁着发奖金的机会，从侧面探探曾华的要求，看看是否超出了我的承受范围，如果没有，我会和他认真商讨，最后接受他的要求。如果他突破了我的心理底线，我会设法影响他，让他调整自己的立场，也可向他稍稍靠拢。

毕竟，在没有替代品，而且供应是刚性的情况下，价格因需求增加而上涨，将是不可避免的。这对曾华是个利好。但随着价格的上涨，人们寻求替代品的冲动将越来越强，这对他就是个无形的威胁了。曾华学过EMBA，我相信，他应该会明白这一点的。我不是真想威胁他，只是不能让他太有安全感而已。

◎ 折腾的火候

文 / 赵玉平 博士，北京邮电大学经济管理学院教授

> 好马不仅要常跑，还要参加比赛，这样才能试出快慢。企业骨干的管理，与养马是一样的，"跑""磨""用""赛"之类的折腾手段都必不可少。

喜欢看《水浒传》，在第七十一回《忠义堂石碣受天文，梁山泊英雄排座次》里注意到了一个很有意思的细节：众英雄在排完座次以后，又进行了岗位分工，有几个分工着实把我逗笑了。梁山 108 个好汉，36 个正处，72 个副处。这么多处长都干什么呢？有管杀猪的处长，有管垒墙的处长，有管造老陈醋的处长，还有专门在楼下管缝纫锁边的处长。

为什么这么丁点的事情，也安排一个英雄好汉来管？其实，这就是宋江的高明。没有英雄干不成大事，但英雄多了往往容易出大事。这么多喜欢动刀子又一贯不守规矩的人凑在一起，如果说人人都没事情做，大家一天都闲着，那肯定要闹出乱子来。

不断搅动锅里的水

管理就是这样，能人没事做就要闯祸，庸人没事做就要捣乱，老同志没事做身体会垮，年轻人没事做就不长本事。会掌控局面的领导一定要让"人人有活干，处处忙起来"。没有正事就找点闲事，没有大事可以安排点小事。

用人： 用得好叫骨干，用不好叫硬骨头

从《水浒》这么多处长看来，宋江确实是一位会折腾的好领导。

养马的人知道，马要常跑，成天圈在马厩里，再好的马也废了。

用刀的人知道，刀要常用，成天闲在架子上，再好的刀也锈了。

而且，好马不仅要常跑，还要参加比赛，这样才能试出快慢；好刀不仅要常用，而且要跟别人比试，这样才能分出优劣。企业骨干的管理，与养马用刀是一样的，"跑""磨""用""赛"之类的折腾手段都必不可少。

诺基亚曾提出一个人才策略——"不断搅动锅里的水"。我们把这个策略通俗化一下，其实它说的就是企业好比一口大锅，干部是米，员工是水，工

作的热情就是锅下边的火苗，而老板则要当一把勺子，要不断地搅动，让锅里的米和水都处在运动当中，否则粥就会成为糊粥。

折腾的作用不外乎三个：一是测试胜任力，看看谁更合适，相马不如赛马，通过一定规模的实践测试，就可以找到真正想找的人；二是增长本领，企业的成长源自内部成员的成长，而员工的成长离不开实践中的磨炼；三是考验忠诚，疾风知劲草，烈火炼真金，只有经过了折腾，才能看出谁是真正的同路人。

历史和现实证明了一个规律：管理的难处不在于明白道理，而在于明白这个道理实施的方法和技巧。

想折腾容易，会折腾难，胡折腾可笑，瞎折腾只有死路一条。

那么，对于骨干的考察培养和磨炼，应该注意什么问题呢？还是让我们通过一些典型人物的典型事例来说明吧。

孙悟空型：有本事但态度不端正

首先，我们想一想，在《西游记》的取经团队里面，为什么只给孙悟空戴紧箍，不给猪八戒、沙僧戴呢？

其实，道理很简单，孙悟空是个什么类型的骨干？这个猴子本事大，团队超级依赖他，他离开团队依然可以过很好的日子，花果山美猴王，呼风唤雨的齐天大圣；可是团队要是离开了这猴子，还就真到不了西天，取不上真经。

同时，这个死猴子脾气大、作风刁、爱使性子，动不动就脱离组织、脱离领导。对于这种"他离得开组织、组织离不开他"的能人，即使眼前他忠心忠诚，万一哪天他变了怎么办，所以必须要给他戴一个紧箍，这样才放心。

而猪八戒和沙僧就不一样了，这二位本领一般，团队没有他们也照样能到西天，而他们要是离开咱们团队，那就永远脱离不出苦海。所以对他们，根本不用戴紧箍，只要描绘一下美好的未来，他们就会坚定不移地跟着前进。这就叫"给庸人画饼，给能人戴紧箍"。

所以对于孙悟空式的骨干，最要紧的是立规矩，保持一个强有力的约束手段。

不过这个还不够，还必须要上三个配套措施：一是搭平台、给机会，让这个猴子充分发挥自己的才能，展示自己的本领。这样，他才能在戴着紧箍的情况下，不斗气、不消极，保持旺盛的工作热情。

二是建设互补型的团队，一方面把他不肯做、不爱做的事情让沙僧、八戒们承担起来，另一方面要增进彼此的情感交流。这样，骨干才能真心热爱这个团队，心甘情愿多做事。

三是惩罚要适度，有理有利有节。念紧箍咒之前，先讲清楚他的缺点和错误，然后适当念几遍，让他疼一疼长个记性就可以了。惩罚措施是用来吓人的，不是用来杀人的。只要能起到震慑作用也就足够了。千万不能情绪失控，处罚起来没完没了，甚至一念之差痛下狠手。这样有可能导致内乱，自毁长城。而且惩罚完了，还要有下文。要交心，要安慰，进行情感沟通和教育引导，特别是指明他改进的方向，给出具体的行为建议。

徐茂公型：有本领但表现不稳定

在《隋唐演义》的瓦岗英雄当中，牛鼻子老道徐茂公绝对是一个智囊级的人物。后来瓦岗英雄大部降唐，徐也在归顺之列。

李世民对徐茂公可以说是又用又防，煞费苦心。

为什么呢？原因大致有两个，一是徐在降唐以后，还投降过窦建德，后来又叛窦归唐，这样的投降经历不能不算职业污点；二是瓦岗英雄如秦琼、程咬金都参加了玄武门之变，为李世民夺权冲锋陷阵，而徐茂公没有参加玄武门之变。不支持即是反对，即使不是反对，也难免有投机之嫌。正是因为这样的原因，李世民对徐茂公一直心里没底。

一方面，李世民极力拉拢徐茂公，唐史里有记载，徐得了暴疾，医生说："用胡须的灰做药引子才可以治愈。"唐太宗听完二话没说就剪下了自己的胡须。后来徐茂公和李世民一起喝酒，喝得大醉，为了防止他着凉，李世民亲自把自己的衣服解下来披在他身上。

但另一方面，李世民却留了一手，在他病重的时候，徐茂公被贬为叠州都督，李世民悄悄告诫自己的儿子："你对姓徐的没什么恩情，我把他贬了，如果他积极工作没有怨言，你就起用他，显示你的恩情；如果他不好好干，你可以毫不费力就把他拿下。"

从这些记载当中，我们可以看到李世民对待本领大但表现不稳定的下属，其策略核心就是恩威并施，通过有意的起落沉浮进一步考验对方的忠诚。

所以，对徐茂公式的骨干，最要紧的是有起有落、有恩有威，并保持一定的突然性，通过个人待遇的异常变化考验对方。

这个策略要有三个配套措施：一是不管是施恩还是用威都不能冷着脸，一定要讲感情造感动，尤其是在众人面前。

二是无论何时何地都要承认对方曾经的贡献，当然，也不能只说好处，每次表扬优点的时候，都要把缺点和不足指出来，进行一分为二的公正评价。

三是测试要有一定的期限，不能无限期测试，而且手段不能重复。

宋清型：后备干部，有资源有忠诚，但人气不旺

梁山有一个好汉叫做铁扇子宋清，此人是一把手宋江的亲兄弟。英雄排座次的时候，如何安排宋清成了一个很微妙、很有挑战的事情。宋清水平一般，名声一般，而且上山很晚，没什么贡献，但是宋清是在册的后备干部，

用人： 用得好叫骨干，用不好叫硬骨头

有资源有背景有忠诚度，如何安排宋清才恰当呢？我在《梁山政治》这本书里针对这个问题专门写了一个章节：这样的人，安排低了，本人不开心，领导脸上无光，而且他的优势也浪费了；但安排高了，又很有可能招致非议，影响领导形象，也影响制度的公正。

怎么办呢，出路只有一个，就是折腾宋清一下。先让他下到最基层锻炼，去梁山大食堂扫地端盘子。这个工作有三个好处：一是积累人气，领导的弟弟端盘子，肯定人人关注，看他干得那么认真那么诚恳，肯定人人佩服，一来二去人气就有了；二是锻炼态度，宋清一直都是过着公子哥的生活，养尊处优惯了，缺乏扎实勤奋、吃苦耐劳的工作作风，这次下基层正好是缺什么补什么；三是开阔眼界、积累经验，大食堂是个人来人往的地方，好汉们天天来吃酒聊天，在这里可以了解很多江湖信息，能看到众好汉最真实的脾气秉性。有了上述的三个积累，宋清就有了成长的本钱和优势。

所以，对于宋清型的骨干，最重要的策略是沉到基层，在苦日子里磨炼和积累。

这个策略的三个配套措施是：第一，在提拔之前，要先把人气转化成荣誉，既然上上下下的人都对他的努力很关注很认可，那么就先颁发一个荣誉，有了荣誉才有提拔的基础。

第二，下基层可以辛苦，但不能寂寞。后备干部下基层是为了积累人气，如果冷冷清清没人知道没人关注，那么就达不到预期效果了。所以要加强宣传，提高关注度。

第三，提拔要有一个基本的原则，就是不可以跨度太大，刚在基层锻炼几天就来个一步登天，那么下基层本身就会成为人家的笑柄，一定要有一个稳定的提拔路径和周期。

把狗熊折腾成英雄

没有人是天生什么都会的。好的管理者应该有一个重要的素质，就是善于培养下属。在培养下属过程中，基本的方法就是让 B 级的人做 A 级的事。

有的干部风险意识比较强，担心下属出错误，所以，给 A 级的人安排 B 级的任务，给 B 级的人安排 C 级的任务，这样表面上看，确实任务完成了，而且风险很小，但是一个巨大的问题就是所有人的能力都没得到充分发挥，而且那些有潜力的培养对象没有得到丝毫的成长。这样的管理从根本上说，是失败的管理。

一个合格的领导首先要安排英雄做英雄的事情，A 级的人担负 A 级的任务，这叫做能岗匹配。其次，要给有成长空间和潜力的人安排有挑战性的任务，B 级的人做 A 级的事，这叫做给下属犯错误、搭平台的机会。英雄需要折腾，才能干出英雄的事业；狗熊需要折腾，才有可能变成英雄。

当然，不同类型的人需要不同类型的方法。管理中常用的方法大致有：立规矩折腾，使用的是制度手段；压担子折腾，使用的是责任感的手段；设起伏折腾，使用的是权力手段；苦日子折腾，使用的是环境和舆论手段；摔跟头折腾，使用的是自我体验和学习的手段。

总之，折腾是一种技巧，折腾更是一种境界。

用人： 用得好叫骨干，用不好叫硬骨头

◎ 如何管理"鸟人"

文 / 崔金生 著名财经网络写手（网名"雾满拦江"）

长翅膀的不一定是天使，他有可能是鸟人。有能力的员工未必是好员工，他很有可能也是一个长翅膀的鸟人。

公司是盛产"鸟人"的地方，任何一家公司，任何一个场所，你都会遇到一些富有才干但桀骜不驯的人。有时，他们的工作效率和质量比最平庸的员工还不如；有时，他们能够处理公司中最为棘手的事情。

没办法，因为他们是鸟人。因为他们是公司里不可或缺的人物，或者是业务骨干，或者是技术高手，又或者掌控着关系公司发展甚至生存的资源。

所有的老板都面临着一个共同的课题：如何管理鸟人——如果老板不会管理鸟人的话，那么公司里只会留下一些平庸之辈，最终丧失竞争的优势；

所有的员工也都面临着一个共同的课题：如何管理鸟人——如果员工不会管理鸟人的话，那么你就很难与他们达成合作，最终吃亏的，很可能是你自己；

所有的鸟人也都面临着一个共同的课题：如何管理鸟人——如果鸟人自己不会管理自己的话，那么一旦环境变化，优势丧失，鸟人就会变成一只死鸟，被大家揪住尾巴从窗口扔出去。

什么是鸟人

我们通常所公认的鸟人，至少要符合两个条件：第一是自由散漫，缺乏自

我约束；第二则是存在着不可替代的价值。

第一个特点是由于第二个特点所造成的，很多情况下，有些自恃在能力或其他方面有着优势的员工并没有意识到自己的"随时可替代性"，就恃才傲物地试图挑战公司管理，付出的代价往往是非常惨重的。

只有不可替代性的员工，才会迫使公司让步，从而为自己赢得足够的"鸟"的空间。但是，随着公司的发展，一旦鸟人的不可替代性丧失，那么鸟人的前景就非常危险了。所以说，鸟人与公司的博弈，就表现在鸟人努力扩大自己的不可替代性，而公司却在努力减少这种不可替代性的过程之中。

鸟人这种东西，是特定环境的产物，没有一个可供鸟人扑腾翅膀的天空，就算是你有鸟人的心态，也未必有机会进化成为鸟人。

对于存在于书本中的理想型公司而言，鸟人是没有理由存在的，因为理想型的公司已经过滤掉了每一个员工的独特价值，并将公司定位于一个标准化的市场范畴之上。

但是在现实中，首先市场环境不是标准的理想化模式，其次公司的发展更不可能一步到位，内部的管理也只是管理学教材上的研究对象而非结果，这就意味着，管理者终将面临鸟人的挑战，不管他们是否有足够的心理准备。

遭遇鸟人

2006年春，张先生贷了一笔六十万元的款子，在国家专利局申请了专利及模具图纸，到了深圳之后开疆破土，成立了一家名为菲洛尔的电子小玩具生产企业，而且正如他所料，产品一上市，立即就有大买家全部包下，于是张先生志得意满，自信人生二十年，会当击水三千里！

但是麻烦很快就跑来了，张先生的玩具产品被检测出有害金属含量过高，会对儿童的生长发育造成伤害，如果要解决这个问题的话，成本不堪重负，

用人： 用得好叫骨干，用不好叫硬骨头

企业除倒闭之外别无他法。

就在这种情况下，鸟人飞了出来，一个技术员拿出他自己搞出来的新技术，能够将有害金属的含量降到标准以下，但这项发明是属于技术员自己的，凭什么要白给张先生呢？

这时候局势就倒了过来，张先生追在一个小员工的后面，承诺以公司30%的股份为交换条件。

技术员的回答是：少玩虚的，拿现金来！

张先生环顾那堆小山一般的退货，这让他去哪儿拿现金呢？

没有现金，就只能按月支付奖金了。于是那个鸟人技术员根据自己的资金缺口控制住生产规模，幸好他也只能这样做，因为他那一手拿到其他企业就派不上用场，还是在这里欺负张先生更爽一些。

这就是鸟人之所以成为鸟人的原因了，企业所面对的市场变量多到了无以穷尽，任何一个环节稍有闪失，创造出一两个鸟人来还算是幸运的，搞不好害得企业关门倒闭，也不稀奇。

鸟性分析

鸟人既然飞来了，那就非要管理好不可，但正如我们对鸟人所下的定义，由于这种怪物的不可替代性，任何常规性的管理手段，都很难奏效。

首先，鸟人无视公司的管理规章——因为他没必要非遵守这些不可。更多的时候，鸟人是期望自己能够对规范进行挑战。菲洛尔电子玩具厂的那位鸟人技术员就是这样玩张先生的，他会用自己的不守规矩引导员工们迟到早退，等大家都开始效法他的时候，他老兄却忽然一本正经地严守公司规则，煞有其事地埋头认真工作，让张先生怒不可遏地忙着找其他员工的别扭。这边好不容易把员工们修理得老实了，鸟人却又飞出来折腾几下，于是张先生又得

从头开始。

鸟人的第二个表现是不尊重老板,确切地说,鸟人也不是绝对不尊重老板,他只是在特定的时间段里才会相对地不尊重老板。这个特定的时间段往往就是老板最需要尊重的时候,比如说有大客户来的时候。老板在应该得到尊重的时候却得不到,失去的不仅是面子,还是管理的威严与效果,这是每个管理者都必不可免地会遭遇到的问题。

鸟人的第三个表现是任性淘气,以自己的喜好左右公司的正常运行。这一点是完全可以想象的,任何人都需要一个强有力的约束以规范自我,失去了约束,人就会流于涣散,做什么事情都打不起精神来。最糟糕的是,缺乏有效管束的人往往难以克制自己的负面情绪,难免会有"小人之心",表现在员工关系上,鸟人的喜恶标准往往比老板更重要,与鸟人处理不好关系的员工,很难在企业里待下去,而与鸟人臭味相投的员工,老板要想规范管理之,也要将鸟人的情绪化反应考虑在内。

在张先生这里,摆在他面前的问题就是他要开掉几个品行不良的员工,就必须先和鸟人打招呼,鸟人没意见,老板才敢"执行",要是鸟人存心跟老板唱对台戏,那么老板就得掂量掂量了。

总之,一个鸟人的存在往往会彻底颠覆管理的法则与规范,这个问题一天得不到解决,企业就一天不得安宁。

第一法:打其软肋

张先生开始琢磨管理他企业中的鸟人,要想管住鸟人,你至少先得亮出自己的长处来,没有这么一个东西就想让鸟人俯首帖耳,难度比较高。

鸟人虽然是不可替代的,但是,有一个显而易见的事实却容易被我们所忽视,那就是:老板更是不可替代的。

用人：用得好叫骨干，用不好叫硬骨头

事实上，在中国的本土企业中，老板们——甭管那些老板们的能力是大是小——在公司中无论能力、专业、人际、财务……任何一个方面都是最强的，如果他不是，他根本不可能成为老板。这是因为本土企业大多是白手起家，老板们在开基创业之初，他一个人必须要当成十几个人用，任何一个领域里他都必须要成为最优秀的，否则公司也不可能在市场站得住脚。

至于大公司，就更是如此。大公司中的权力博弈是如此普遍，大老板们身上哪怕有一个小小的漏洞，也会遭到挑战者的强力狙击，迟早是一个败走麦城。既然大老板在这一系列隐秘的人际博弈之中站住了，那么，他自然就是最强的，这是无须争议的事实。

所以，哪怕一个员工再"不可替代"，其"不可替代的程度"也远比老板低得多，任何一家公司离了某个员工照样经营，但如果老板撂了挑子，那麻烦可就大了。

所以，对于那些无论是自恃能力、业务或是市场资源不可替代的鸟人们，

管理者一定要毫不客气地将他的狂妄压下去，一旦让鸟人对你表示出惊奇和佩服，那么鸟人的麻烦，也就解决了一半了。

张先生想明白了这个问题之后，他先假装懵懂无知，让鸟人技术员放松对他的戒心，然后他细心观察着鸟人技术员的流程与配方，没多久就把鸟人技术员的绝活学到了手。然后张先生再发狠咬牙，利用自己比鸟人技术员更精深的专业度与更广博的知识面，搞出了比鸟人技术员质量更高的配方。

然后张先生仍然是假装不太留意鸟人技术员的跋扈，慢条斯理地安排日常工作，等到鸟人技术员懒洋洋地亮出他的拿手绝活的时候，张先生却大喝一声："你那样不对，净胡搞，要像我这样……"然后他手把手地给鸟人技术员示范了一下，产品出来的质量比鸟人技术员的明显高出一截。然后张先生不当回事地拂袖而去，鸟人技术员却吃惊地张大了嘴，好久合不拢。

第二法：霹雳手段

首先要让鸟人明白，管理者的不可替代性远比员工高，这样就很容易收到管理的效果。但这个效果是有限的，鸟人固然会出于钦佩愿意接受管理者的领导，但这并不意味着他对其他员工也如此。因此，在让鸟人那狂妄的脑袋降温之后，管理者还需要"霹雳雷霆"的手段，让鸟人知道这个世界不止他这么一只鸟。

具体的办法就是，必须要在鸟人的狂妄意识明显消退之后，对他所有挑战公司规范的行为进行一个总清算。

张先生是这样做的，在让鸟人技术员知道老板比他更厉害之后，先故意放纵鸟人几天，让鸟人的劣行来一个大暴露，尽管鸟人在这时候是非常急于收敛的，但碍于长时间的习惯，一时之间改正不过来。改正不过来正好，张先生正好有理由把他请到办公室，先列数了公司对鸟人的优惠待遇——给鸟人的待遇，那是绝对的优惠——然后是鸟人对公司重用与信任的无良回报——劣迹斑斑啊，不然怎么叫鸟人。

总之吧，公司对得起鸟人，鸟人却对不起公司，而且屡教不改、怙恶不悛、积重难返、十恶不赦……这一番训斥必须要收到雷霆贯耳的效果，让鸟人良心发现，让鸟人无地自容，要让他认识到自己受恩不知图报的无耻嘴脸……总之，要让鸟人感到内疚。

然后，张先生话题一转，无比悲痛地大骂鸟人，是鸟人的无良无德导致了劳资双方合作的破裂，这一破裂所带来的"双输局面"是显而易见的，张先生不愿意"双输"，但鸟人却一定逼他这么做……

毒蛇啮臂，壮士断腕，剜肉补疮，实属无奈……输就输吧……请鸟人打铺盖卷走人，老板不陪他玩了。

直到这一步，鸟人才目瞪口呆，悔恨不已，知道一旦离开之后自己是蒙受损失最大的一方，可这都是自己招惹来的，怪不得人家老板。所以鸟人技术员只能强忍着悔恨的心情，耷拉着脑袋离开工厂。

可是当鸟人技术员走到大门口的时候，却发现张先生已经气喘吁吁地赶上来了，一见到鸟人技术员，张先生就扑了过去，扭住鸟人连踢带打：本来大家在一起好好发财，千辛万苦都过来了，多么不容易啊，你说你怎么就不珍惜呢，你知不知道我恨不能宰了你……

到了这一步，鸟人技术员即使想不真情流露也不行了，于是老板和鸟人搂抱在一起，什么也别说了，回去好好干活吧，就当大家重头来过。

第三法：重责轻权

软硬兼施，恩威并济，终于收到了将鸟人的心收服的管理效果，到了这一步，企业的核心大患就基本上解决了。但只解决了问题还不行，鸟人的价值还必须要进行"深层次"地开发，至少，也得让他把以前所造成的损失弥补回来。

所有被收服的鸟人无一例外地都会被"委以重任"，而同时，所有的鸟人都必须要采用"重责轻权"的管理办法。

委以重任，就是把公司最棘手的问题交给他处理。重责轻权，就是鸟人的责任重大，惩罚措施严重，但权力小，回报呢，好像也不高……电视剧《亮剑》中的李云龙就是这样一个最典型的鸟人，让他啃的都是最难啃的骨头，但晋升的机会，好像总是轮不到他。

为什么会这样呢？

这是因为鸟人个性往往过于鲜明，不是复合型的人才，在操持大局方面的严谨度明显欠缺，必须要"控制使用"。这也是深圳的张先生之所以对鸟人采取感情管理的主要原因，对于鸟人，感情投资远胜于冰冷的利益关系。

并不是鸟人不注意自己的利益，但是请不要忘了，老板的无条件信任与重用，是员工最大的利益保障。正是基于这一点，张先生这样一来不惜花费心血和代价栽培鸟人，一旦鸟人与老板有了感情，他将视公司利益与自己为一体，鸟人自然有责任要替老板担负更多的"担子"，对于权力和眼前的短期利益，也就不需要再考虑了，老板心里有杆秤，鸟人的委屈和付出，老板心里明白着呢。

一旦鸟人被情所动，为管理者所"收服"之后，就已经成为公司的"管理利器"，最重要的任务照例要交给鸟人负责，即使公司其他方面出现了问题，也不妨找一找鸟人的麻烦，这个时候鸟人是非常配合的，因为他们知道他们是老板的"自己人"，愿意付出而无怨无悔。

在张先生的企业中，他和鸟人技术员实际已经组成了一对黄金搭档，鸟人技术员在公司里没什么职位，但责任却非常广泛，因为他在技术上独有一

用人：用得好叫骨干，用不好叫硬骨头

手，别的员工也愿意接受他的管理，在鸟人技术员无怨无悔地付出还没有拿到"高薪"的情形之下，其他的员工自然无话可说，这并非是老板抠门，委实是企业的资金有限，在市场的利润回报期到来之前，同舟共济是企业发展的唯一途径，而鸟人管理的"高附加值"，也正是体现在这一点。

现在，张先生企业的心腹之患已经解决。而且，当他离开企业之后，他对鸟人完全可以放心，只要有鸟人在，员工们的工作效率绝不会比老板在的时候低，因为鸟人希望以此证明自己。

这就足够了，接下来，对"孵化中的"新鸟人的防范措施，就要提到了企业管理的议事日程上来了。

必杀技：淡化公司对鸟人的依赖性

与其在问题出现后花费成本和宝贵的资源去解决它，不如在问题还未出现时就将其消弭于无形。公司的鸟人管理必杀术，就是要让公司不出现鸟人。

所谓让公司不出现鸟人，意即修补好企业草创时期的漏洞，绝不要企业出现对一两个员工强度依赖的情形。

我们耳熟能详的"多元化"企业发展途径，如果从管理的视角上来看，正是管理者基于鸟人的出现而提出来的。见钱就赚，有货就卖，坚决不一条路跑到黑，这就让鸟人无计可施了。鉴于鸟人在公司管理架构中的地位，他纵有三头六臂，也不可能凭一个人把多元化经营的管理全部掌控在手，你鸟人在某一领域的优势或不可替代性越是明显，公司偏偏就不往你那个方向走，让你鸟人急得跳脚也是白搭。

如果在电子产品方面冒出来了鸟人，那么管理者就会"逃"到日用品领域，如果日用品领域出现了鸟人，那么管理者就向化工产品领域"撤退"。总之一句话，削弱企业对鸟人的依赖性，公司不惜把自己搞得离奇古怪。

我们看到企业今天合明天分，拆分组合花样繁多，对外打的旗号是资源重组，但就管理价值而言，重组的目的就一个——不带鸟人玩！

"专业化"同样也是削弱鸟人的不可替代性的不二法门，鸟人有天大本事，也奈何不了天外有天，人外有人。多么厉害的鸟人也不难找到天敌，资源雄厚的大企业最喜欢这么玩，一旦某一个员工的重要性在企业中凸显出来，有可能向着鸟人的方向进化，这时候大老板就会不失时宜地替你弄一只天敌来，论专业比你更精深，论能力比你更强，论业务比你更有资源，非得让你老老实实地放弃不规范进化才罢休。

但具体到一家规模较小的企业，又或是部门中出现的鸟人，管理者除了采用张先生的管理术之外，同样也可以借鉴"多元化"或是"专业化"的路子，其做法无非不过是给部门的职能进行重新定位，你鸟人在哪方面的能力越强，部门偏偏要弱化那一方面的功能，非要把鸟人打入到冷宫不可。再或者利用工作的整体性，把鸟人和最让鸟人头疼的员工搭配在一起，这方面的办法说起来有很多，但万变不离其宗，其总的原则就是要削弱鸟人的不可替代性。

不是大家非要和鸟人过不去，而是鸟人本事再大，也不可能一个鸟人撑起一家企业来，大家在企业中必须要做到容忍合作，缺失了这一点，我们得到的只有鸟人；顾及了这一点，员工就有了自由的上升空间。

用人： 用得好叫骨干，用不好叫硬骨头

◎ 以德服人的妙处

文／崔金生 著名财经网络写手（网名"雾满拦江"）

> 古人有句老话，叫做"恩威并济"，这其中的"恩"正是德的体现，德之本身并不是目的，德的目的是唤醒部属的自我管理意识，努力工作。如果德达不到这个目的，那就不叫德，而叫"管理不到位"。

梁山集团忠义堂里，108名大小经理正襟危坐，正在听公司代理总裁宋江讲话：

"诸位，我们水泊梁山集团有限公司目前已发展成为大宋实力最雄厚的公司，位居世界501强，但是，公司发展到如此规模，我们却至今连总裁的人选都没有确定下来，这怎么可以？因此，我建议，马上将公司的总裁推选出来，不拘一格，唯才是用，请大家踊跃推荐。"

宋江清清嗓子，朗声道："我们梁山集团总裁的人选条件说起来不高：他不一定非要才高八斗，计谋多多（吴用一听，脸皮抽搐了一下）；不一定非要武艺超强，勇冠三军（林冲一听，微微一叹）；也不一定非要拥有专利技术（呼延灼无奈地看看自己的连环马专利证书）。

"但是，梁山集团总裁人选的条件又是非常高的！他必须品行优良，敬业向上，吃苦耐劳，勇于奉献；必须热爱梁山的事业，对公司无限忠诚；还必须有很好的群众基础，团结大家，共创美好的明天。

……

"总之,总裁人选的最最重要的条件就是:以——德——服——人!

"凡满足以上条件的员工,均可参加本次总裁竞聘。好,现在首先请大家推荐人选,无记名投票式,限一人一票,每票只限推荐一人,开始……"

投票很快就结束,现场人声鼎沸。没过多久,财务部经理神算子蒋敬将选票清点完毕:"现在公布选票情况,投票的结果是……宋江2票,李逵0票,其他106位经理,每人各得1票,宋江胜出……"

台下。

呼延灼:"啊,怎么会是这个样子的呢?"

吴用:"这样很正常,因为每人投的都是自己1票,只有李逵他……"

台上。

宋江:"嗯,大家对这次选举结果,还有什么不同意见没有?如果没有的话,那就这么定了。"

宋江兴高采烈地溜了出来,准备去洗手间,一出门就遇到了黑旋风李逵。

宋江:"逵哥啊,这次真的谢谢你了。"

李逵:"那不用,以德服人嘛,我觉得只有你老是挂在嘴边,所以就选你了。"

宋江:"逵哥真是明眼人。"

李逵:"这个以德服人,到底有什么好处呢?"

宋江:"这个嘛……这个啊……你听我给你解释解释。"

以德服人的实际妙用

想必以大老粗李逵的心智,宋江一时半会儿也解释不清楚。不过,这倒提醒了我们关注一个值得玩味的现象:为什么中国的企业特别强调以德服

用人： 用得好叫骨干，用不好叫硬骨头

人？有的员工，才华不高，但却被委以重用。何者？以德服人。老板在员工德与才的取舍上往往会选择前者，还有这样的解释——才高而德差之人，对企业的损害更大。对此，许多员工像李逵一样困惑：以德服人，是老板标榜自己的幌子，还是真有妙用？

中国企业管理最理想的境界是"无为而治"，但这种理想状态受限于被管理者的个人利益诉求与发展愿望，每一个人都希望获得无限的上升空间，但企业的资源是有限的，这就决定了管理更多地体现为管理者与被管理者双方的一个动态博弈过程。

管理者必须要过滤掉被管理者的个人意志与利益诉求，将其行为规范到企业的发展目标上来。在这个博弈过程中势必会遭到被管理者的顽强狙击，理想的管理效能被迫让位于一个近似值，而因地制宜的管理也成为最有效的管理。

鉴于管理学的互动性，最好的管理办法是不存在的，存在的只有最有效的管理，而一种有效的管理也绝无可能对所有被管理者都有效，同样的，一种不被大多数人看好的管理方法，在某些情况下甚至会优于在理论上更被看好的管理办法。

管理的技巧有多种，不同的管理者有不同的管理风格，有的是以力制人，有的是以势迫人，有的是以情感人，有的是以德服人。尽管这些不同类型的管理风格各有千秋，但中国企业的老板们推崇以德服人，无它，盖以德服人者，逸而顺。

说得简单些，就是以德服人者，管理成本最低，管理效能最大，又最大程度降低了被管理者的情绪反弹，满足了多方管理范畴的利益诉求，因而得到了管理者与被管理者双方的认同。

具体到梁山集团，就是宋江以最小的管理成本，以一介刀笔小吏的身份，统御了梁山百多名精英，实现了其他管理手段很难达成的管理效果。

何者谓德

当我们的管理者在考虑"以德服人"的时候，首先遇到的第一个问题就是，什么叫"德"？

"德"这个东西摸不到看不着，既不能用尺子量也无法用秤砣称，更不可能通过考本证书就可以拿来充数。也就是说，"德"是一种无形的力量，如同地球的万有引力一样，你可以强烈感觉到它的存在，可以感受到它的影响及作用，甚至效果，却不知道应该如何获得"德"的力量支持。

这是因为，我们尚未对此无形资源进行过有效的指标分解与量化分析，一旦我们完成了这项工作，我们就可以娴熟地运用这一管理技巧。

我国传统经典《大学》开篇第一句话：大学之道，在明明德。可见"德"是属于"大"的知识与学问。在这里,"大"指的是管理者的心胸,指的是管理者的目标,指的是管理者在实践中的理念。

心胸大,就要有包容之心。

目标大,就不可以搞些鼠目寸光的短期行为。

理念大,就会形成对周边环境的影响力。

这样,我们就可以明确这样一个基本概念,能够产生影响作用的"德",至少要具备以下几个条件:

首先,管理者须得通达人性,能够包容人性中的不足之处,也能够从人性的优点中获得益处。只有通达人性的管理者,才能够明确判断何种错误源自于人性的本身,可以原谅,何种失误是部属的失职所为,理应为此遭到责罚。如果缺少了这个条件,管理者就会成为一塌糊涂的老好人,非但无"德",反而会失去部属的尊重。

其次,管理者应该志存高远,致力于一个集群体利益于一体的发展目标,能够让人产生一种追随的愿望。这是形成影响力的最基本条件,我们无法想象员工会热心于一桩与己无关的"事业",也无法想象一种无益于社会与他人的"德"。

最后一点,管理者的任务是组织并优化资源,实现群体利益最大化,绝大多数管理者都具备这个能力,但却不是每一个人都明白,这一能力发挥效用的基础是第一条,也就是管理者对人性的洞察。

据此,我们可以对无形无迹的"德"画出一幅肖像,以供我们对号入座。

为何要"以德服人"

管理者首先是一个"资源整合者",他所需要整合的资源自然也包括人力资源,如何组织一支团队从而实现最佳效能,这是管理者所关心的。在任何一支团队之中，人员的安排总是有主有从，有进有退。但谁主谁从，谁进谁退，这些问题是最让管理者头疼的事情，人的主观感觉是最难以揣摩的变量，任何情况下也无法做到一碗水端平。

通常情况下，管理者采用权力架构下的强制命令达成这一目的，但最理想的状态，莫过于"以德服人"。

这就是以德服人的实际性作用了，它可以平衡因利益分配不均而引发的负面心理效应。

能够做到以德服人的管理者，其对员工的控制要点是反向的，即这时候的管理者已经无须再对员工喋喋不休，要求部属如何如何，相反，这时候的部属受其"德行"的感召，会自动自发地进入自我管理的状态之中，认真负责地把工作做好。

这是因为管理者的"德行"带给部属一种信任、一种荣誉、一种希望或是预期。

这就是说，管理者的德行包括了两个方面，一是磊落正直的品行，二是终成大业的不凡能力。前者带给部属一种安全的感觉，一种"士为知己者死"的冲动；而后者，则意味着部属的"以身相许"是值得的，可以带给自己成功与荣誉。事实上，管理者的"德行"几乎能够同时满足马斯洛心理学所认为的人的5个层次的需求：无论是生存需求、安全需求、社会交际需求、受人尊重的需求还是自我价值实现的需求，都可以在这过程中获得。

只有"德"，才能够做到让员工们自觉、自愿、自动、自发地接受管理和进行自我管理，才会使员工们的关注点集中到企业的目标而非短期的利益上来，才会使员工的主动性发挥出来，创造性地完成自己的工作。

也只有"德"，才是凝聚一支团队最有效的力量，团队一旦产生了一个强有力的领导核心，就会爆发出质的飞跃。利益从来都是产生纷争的根源，会削弱和涣散团队的战斗力，任何以利益为核心的团队，其内耗总是大于对外的竞争能力，只有依托领导者的伟岸品格建立起来的威望，才会带给团队中每一个成员强烈的使命感、荣誉感和成就感。

事实上，从经典管理学的角度而言，以德服人远非管理的理想状态，最理想化的管理莫过于过滤掉人性中的不稳定变量，现代管理科学的发展正是致力于这一目标。然而，一个不容忽视的现象是，过滤掉人性中不稳定变量的管理方法的日臻完善，却引发了"人性化管理"的强烈反弹，企业的竞争早已从产品数量的竞争进入到了品牌竞争及文化竞争的时代，这一时代所要求企业决胜市场的能力是创新，而"人性被过滤掉"的管理模式，势必压抑企业的创新能力。

正所谓南辕北辙，过度专注于目标，会使我们偏离了管理的原意。正是这样一个原因，为求得管理效率与创新能力并存，我们求助于"以德服人"。

"以德服人"的技巧

管理者最常遇到的困惑是，对于一些部属，如果宽容了他们的些许小错，反而会导致其放任自流；体谅他们的困难，反而让其视管理者为软弱可欺的老实人；提高他们的薪资，却导致他们的胃口更大。尽管这种情况并不普遍，但足以将管理者苦心修养出来的"德"毁于一旦。

导致这种现象的出现，正是因为管理者失之于对人性的洞察，要知道，员工形形色色，同样的宽容，对一个员工来说可能会使其心生感激，努力工作；对另一个员工来说却会使其沾沾自喜，认为自己抓住了管理者的心理弱点，所以"德"也不是胡椒面，可以不管实际情况就乱撒一气的。

古人有句老话，叫做"恩威并济"，这其中的"恩"正是德的体现，德之本身并不是目的，德的目的是唤醒部属的自我管理意识，努力工作。如果德达不到这个目的，那就不叫德，而叫"管理不到位"。

所以，能够产生"服人"力量的德，应该体现在以下几个方面：

肯定部属积极的一面，原谅其无心的过失；

任何情况下也不宽容部属的恶习；

宽待部属，更需要部属宽待公司；

给员工以机会实现自我，而不是给利益使其懈怠；

对于为公司做出牺牲的员工，时刻记住并予以弥补；

鼓励内部竞争，但严禁相互攻讦；

时刻激励员工的自我管理，关心员工的人生规划；

与部属分享成功，让员工体验到自我价值。

用人： 用得好叫骨干，用不好叫硬骨头

◎ "胜利"是最好的激励

文 / 刘悦坦　美国密苏里大学营销学博士后，中国文化产业品牌研究中心副主任

> 人性的卑劣往往给企业人力资源管理带来诸多麻烦，依靠制度的硬性约束通常难以达到理想效果。顺应人性，另辟蹊径，或许会别开生面。

男厕小便器的"不准确"使用给厕所卫生管理带来极大麻烦。于是很多厕所的墙上就出现了"靠近文明、贴近方便"的引导口号，或"请您靠前一步，免得弄脏了您心爱的裤子和皮鞋"等人性化的温馨提醒，但是收效甚微。因为从人性的角度来讲，靠宣传来制止某种行为的有效性很低，尤其在隐蔽的生理习性方面更是几乎为零，一句口号怎么能扭转人性？要让人们十分乐意地接受你的"贴近"建议，只能给人们提供某种好处，人们才愿意合作。比如西方有人在小便器中心画上一只苍蝇，使用者便自然地瞄准苍蝇"射击"，因为"击中"苍蝇会带给男性某种成就感。

"苍蝇效应"的原理就在于：在"人性恶"的管理假设下，员工的"不合作"是一种基本状态。对待"不合作"的员工，仅靠严刑峻法是不够的，受到企业惩罚的员工一定会想方设法在企业无法惩罚的方面报复企业——你给员工什么，员工就会给你什么，这就是难堪的人性。

管理本身就是一种借助他人的合作来实现自己意愿的调控行为。不同人

力资源管理模式的出发点在于不同的人性假设，其中，"人性恶"的假设的结果就是"不合作"。如何处理由于"人性恶"带来的不合作现象？从人性的角度讲，合作不能是一种强迫性行为，只有能给自己带来好处时，人们才愿意合作。

因此，面对"不合作"的员工，不要采取任何妄图劝善惩恶扭转人性的方式，而要"控制事"（例如厕所）让它来适应人。

近些年，公司人事部被迫变为人力资源部，在管理理念上，从通过控制人来控制事转变为通过控制事来适应人。从人事管理到人力资源管理，不是简单的概念变换，而是管理上顺应人本主义的理性回归，因为"人"本身就是目的。人的越来越"大写"，从历史来看，不可逆转。

人越来越解放了，员工越来越不听招呼了。那些因"解放"而释放的人性的卑劣，使传统人事管理的戒律失效。迂回迁就，顺势而为，谁说不是一种策略？

薪酬如买糖，盼望意外惊喜

顾客到商店买水果糖，告诉售货员买一斤。售货员从身后的水果糖箱子里抓一把糖放在秤上称，同样一斤糖，但是不同的称法对顾客心理会产生不同的影响。

如果售货员放到秤上的这一把糖不到一斤，他就会不断往上添，每添一点，顾客心中的喜悦就会随之增添一分，以为自己得到了额外便宜。相反，如果售货员放到秤上的糖多了，那么，他每往下拿一点，顾客的心就会随之收紧一点，以为自己在不断吃亏。

同样都是一斤糖，为什么开始时的增添和减少对顾客心理会造成如此不同的影响呢？

从人性的角度讲，顾客认为售货员身后箱子里的糖是商店的，多少和自己无关，但是一旦售货员把商店里的糖放在柜台的秤上，顾客就会在潜意识中觉得这些糖已经属于自己了。因此，售货员不断拿糖放到秤上，顾客就会有一种不断收获的意外惊喜；相反，售货员每从秤上拿糖放回箱子里，顾客就会有一种不断失去自己财物的沮丧。

这个事例说明，人永远生活在自己的感觉里，人类的认知才是人类的唯一真实。人类总是善于制造想象，因为从本质上讲，人类天生有一种回避真实的心理倾向，对真实的天然回避心理产生了想象。

所以，员工对薪酬的感受，不是具体的工资的数目，而是自己的付出和得到以及他人的付出和得到之间的双向动态比较。因此，最有效的薪酬管理，不是多劳多得，而是在员工的期待和获得之间创造一个多层次的动态平衡系统。

在薪酬管理方面，"错位思维"的一个技巧就在于通过铺垫来控制员工心理期待，然后"错开"对方心理期待，以超越对方心理期待的薪酬现实给员工制造意外的惊喜。

创造让员工感到"胜任"的情境

一只蚂蚁爬树，第一天早上从树根出发，晚上到达树梢，用了一整天的时间。当然，它不是匀速前进，而是时快时慢。第二天，还是这只蚂蚁，从树上下来。早上从树梢出发，晚上达到树根，也用了一整天的时间。当然，它还不是匀速前进，而是时快时慢。

请问，有没有这样一种情况，这只蚂蚁在两天的同一时间到达树上的同一地点。按照正常的思路，这道智力题无法解决。让我们换一种新的问题情境：还是这棵树，但是有两只蚂蚁，一只蚂蚁从上往下爬，另一蚂蚁从下往上爬，那么，这两只蚂蚁一定会在某一点相遇。这"相遇"的时刻和地点就证明了，一定有这种情况：这只蚂蚁在两天里同一时间到达同一地点。但是，何时、何地不能算出。在解决这个问题时，必须把"一只蚂蚁在两天里爬树"这个问题情境转化为"两只蚂蚁在一天里爬树"。其实，这两种问题的情境在本质上是一致的。但是后者就能轻易地解决难题。

在企业人力资源管理中，员工并非没有创造力和敬业精神，而是我们的管理者往往不善于转换问题情境使之适合员工。人力资源管理与开发，需要对员工进行激励。人力资源管理的目的就在于让员工感到胜任——只有从事自己能够胜任的工作，员工才有成就感。有成就感，是继续努力的前提。

A+1-1=0 效应

有一位老汉，住在一个广场边，广场上有一些废铁桶。一群小学生每天上学放学经过广场时，都要对那些铁桶进行拳打脚踢，以此取乐。老汉有心脏病，那些噪声让他很受不了。但是老汉没有直接制止。有一天他拦住那群学生，对他们说，我很喜欢听你们踢铁桶的声音，如果你们每天都来踢，我就给你们每人每天一元钱。小学生们很高兴，踢打铁桶更加卖力。

一周后，老汉又拦住那群学生，说我现在经济情况很糟，不能再付给你们踢桶的钱了，但我还是希望你们每天都免费为我踢一阵子。学生们愤怒地拒绝了——不给钱了，谁替你免费干活。他们以后放学路过此地，即使下意识地准备踢桶，但是突然想到踢桶已经没有任何报酬，便悻悻地放弃了踢桶的打算。有的孩子甚至把这些废桶都搬走了，以免老汉享受到其他人无偿为他踢桶的乐趣。老汉复得安宁。

如果把孩子们每天踢桶这个状态当作 A，然后老汉每天付出的钱算作 1，后来老汉又把这 1 元钱减去了，这就是 A+1-1，但是结果呢？并不等于原来的 A，而是等于 0——原来的那个 A 也不复存在了，就是 A+1-1=0 的效应。

同样的东西，得到又失去，从数学上讲，应该对原来的状态没有影响，但是从人性上讲,效果则大不一样。从态度的角度讲,人力资源管理关注的核心理念,一是合作,二是忠诚。所谓管理,就是借助他人的配合达到自己想要的效果。态度决定高度,员工态度的改变不是靠粗暴的扭转或者简单的奖励与惩罚,而应是一种建立在人性基础上的"得"与"失"的双向协调,即"设立"并"错开"对方的心理参照标杆。

半途效应

1952年7月4日清晨,加利福尼亚海岸以西21英里的卡塔林纳岛上,一个34岁的女人涉水进入太平洋中,开始向加州海岸游去。要是成功了,她就是第一个游过这个海峡的妇女。这名妇女叫费罗伦丝·柯德威克。那天早晨,雾很大,海水冻得她身体发麻。在海水中游了15个小时之后,她已经筋疲力尽,于是决定放弃,她叫人拉她上船。在船上陪同她的母亲和教练告诉她海岸很近了,叫她不要放弃。但她朝加州海岸望去,除了浓雾什么也看不到,她感到船上的人肯定在骗她,岸肯定还在很远的地方。尽管大家一再保证很快就要到对岸了,但是费罗伦丝决意放弃了努力——在下水15小时55分钟后,她被拉上船,事实上,此地离加州海岸只有半英里!事后费罗伦丝后悔万分地说道:"说实在的,我不是为自己找借口,如果当时我看见陆地,也许我能坚持下来。"

两个月后,她再次横渡海峡。但是这次她采取了全新的策略:把整个过程分成8个小阶段,设置标志物。每到一个标志物,她就会告诉自己:我已经完成多少了,我还剩下多远就要完成了。因为这次横渡海峡每一步都有了阶段性目标,既减少了压力,又增加了成就感。所以,费罗伦丝顺利地完成了她横渡海峡的壮举——她不但是第一位游过卡塔林纳海峡的女性,而且比男子的记录还快了大约两个小时。

当目标太高、太宏伟，主体就会觉得由于难以实现而感到紧张，就会不由自主地发抖，即所谓"目标性恐惧"。"目标性恐惧"的直接后果是经常使人产生中途放弃的念头，这就是"半途效应"。"半途效应"是指在努力过程中达到半途时，主体由于心理因素及环境因素的交互作用而产生的一种试图放弃目标的负面效应。大量的事实表明，除了个人意志力等主观因素之外，目标设定得越不合理就越容易出现"半途效应"。

激励也是这样，大家都知道一劳永逸的激励是不现实的，于是很多企业经理和培训师便选择了经常不断激励员工的做法。但是，持续不断的激动必然导致持续不断的疲惫，这是人类的心理和生理机制所决定的。而且，不断重复的激励还会导致"敏感递减效应"，大家非但不会再对激励感到热血沸腾，反而会像讨厌广告一样回避激励——你不可能指望员工在他不喜欢做的事上取得成功。

其实，真正最有效的激励是"错位"的：与其持续不断地激励员工使之完成宏伟目标，不如把宏伟目标分解成不同的阶段使之符合员工的期待。分解目标的意义就等于告诉员工：无论他们处在什么位置上，他们都一定能取得成功，因为"胜任"是对员工最大的激励。或者说，激励的本质就在于让员工感到胜任。只有从事自己能够胜任的工作，员工才有成就感。

用人： 用得好叫骨干，用不好叫硬骨头

◎ 分权之道

文 / 崔金生 著名财经网络写手（网名"雾满拦江"）

让一个老板将手中的权力分派出去，其难度之高，丝毫也不亚于让幼儿园的小朋友将自己最心爱的玩具分出去。但是，老板毕竟不是幼儿园的小朋友，权力的价值不在于占有，而在于为企业所带来的收益。

西蜀集团董事长刘备，白手起家，终于建立起了三分市场的"西蜀集团"。

然而，"冒险家"刘备也老了，他躺在病床上，紧紧拉着公司总裁诸葛亮的手说："阿亮啊，你看你有多帅，多年轻。我呢，却马上就要报废了。回想你刚来公司面试的时候，咱们公司还一穷二白，这些年来我们可是赚了不少钱。可是，这么多钱有什么用呢？我一分也带不走！"

刘备的儿子阿斗道："幸好你带不走，你要是都带走了，我喝西北风去？"

刘备道："傻儿子，别打岔，让爹跟你阿亮哥说点正事。"

然后刘备对诸葛亮说道："阿亮啊，我这辈子最不能原谅自己的，就是在长坂坡把阿斗的脑袋瓜子摔短路了。所以呢，阿亮，我想，就先让阿斗做公司的董事长试试。你要是看着他顺眼呢，就帮他把魏国市场拿下来；你要是看他不顺眼呢，就 MBO（Management Buy-Outs，即"管理者收购"的缩写）吧，把西蜀集团零转让给你。你看怎么样？"

诸葛亮："……刘董，我一定好好地辅佐阿斗，把集团做大做强。"

刘备:"Good, Good, Good, Go……"

阿斗:"阿亮哥哥,我老爸他为什么总是说咕嘟?"

诸葛亮:"你爸是在说,你踩到他的输氧管了。"

阿斗:"噢,怪不得。"

就这样,刘备撒手西去,阿斗做了董事长,诸葛亮继续做总裁,带着一帮营销经理,跑到岐山跟魏国集团争夺市场。

分权的风险

让一个老板将手中的权力分派出去,其难度之高,丝毫也不亚于让幼儿园的小朋友将自己最心爱的玩具分出去。但是,老板毕竟不是幼儿园的小朋友,权力的价值不在于占有,而在于为企业所带来的收益。

如果分权为企业所带来的收益远超过集权,老板们就都会成为"禅让"的圣人,那么"六亿神州尽舜尧"的大同世界,也就很容易实现了。然而现实却常常事与愿违。

尽管分权是必要的,但如何分权却颇费思量。失败的分权比比皆是:

一是马谡式分权。很多老板都遭遇过"挥泪斩马谡"的惨痛经历,把权分给了错误的人。

二是姜维式分权。事实上,企业里绝大多数分权的标准,只图一个放心,就谢天谢地了。如诸葛亮弥留之际把权力分给姜维,可结果并不尽如人意。姜维其人,守成不足,创业无方,复兴乏策。就是为了这个"较为放心"的次级目标,老板所冒的风险却是毁灭性的。

三是司马式分权。三国时代的北魏集团,连同所有的股权一并分了出去,导致了天下尽归司马,这岂是老板分权的初衷?

分权的结果如此不尽如人意,这是因为,老板们或许是高明的管理者,或许是行业的领军人物,或许是业界的精英,但大多不是"分权专家",对于分权缺乏深入的研究与分析。

分权的目的是什么?

如果说,分权的目的只是想找一个集各种能力于一身的人,就会落入"马谡式分权"的陷阱;分权的目的只是想找一个放心的人,替自己分点担子,就必然会走上"姜维式分权"的模式;分权的目的只是想找一个能力更强的人来解决问题,老板就会面临着"司马式分权"的窘状与尴尬。

当分权的出发点错误之时,就绝无可能找到正确的分权模式。

正确的分权模式是什么?或者说,分权的目的是什么?

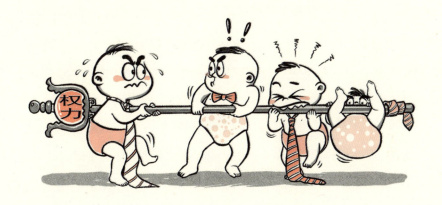

很简单,分权的最终目的,就是要实现以弱御强的管理目标。

何谓以弱御强?其实刘备对诸葛亮的分权,就是这样一种模式。刘备以一个巧妙的分权架构,替西蜀集团规避了诸多经营风险。事实上,刘备的分权模式并不难,他只不过是利用与诸葛亮不和的李严来统领内务,将诸葛亮的职权重新定位于一个"大推销员"罢了。

以诸葛亮之才,统御姜维、魏延与马谡,是以强御弱。无论是刘备,还是后来的阿斗,统御诸葛亮,却是以弱御强。往前看,有刘邦统领韩信、张良、萧何一帮强人；往后看，有宋江统领梁山众将。

说到底，目的决定手段，不同的分权模式，正是基于不同的分权理念所构建而成的。

木桶定律与天花板现象

事实上，人类之所以能够称霸地球，成为万物之灵，其原因就在于人类善于思考。以弱御强，将威猛的虎狮囚禁于牢笼；驯服牛、马等力气远比人大的动物，使它们为人服务。所以，以弱御强，是人最基本的技能。

企业如果想壮大、发展，所能依靠的，也唯有以弱御强。

而在企业管理上，却更多的是诸葛亮统御姜维的模式，一如武大郎开店，形成了管理学有名的天花板定律。所谓天花板定律，是指在企业内部，管理者的才能形成了最终的极限，任何一个员工的能力都无法突破这一限制。有趣的是，天花板现象与企业的分权乏术，二者互为因果。

当管理者为了避免"司马式分权"而谨慎分权的时候，企业中有才干的人难以得到承认，就会选择离开。留下来的，都是些比管理者能力更矮的员工，让管理者更加不敢分权。于是，管理者越来越不敢分权，也越来越不会分权，这样，有能力成长起来的员工很快就会碰到"天花板"，也只能选择出走。就这样，分权乏术，导致了天花板现象发生，而天花板现象，则使得管理者更加无法分权。

而对人性有着深刻洞察的管理者，却会选择管理学上的另一个定律，打破僵局。

这条用来击破管理上的天花板的，就是"木桶定律"。木桶定律认为：一只木桶的盛水容量，取决于那块最短的木板。

所以，木桶定律同样是企业中存在并需要加以克服的问题。但负负得正，当两个问题相遇的时候，或许反而就把问题解决了。

一旦管理者把"木桶定律"用来解决天花板现象，分权，就具有了可能。

刘备所使用的分权模式，就是木桶定律的应用，他巧妙地把李严作为这块最短的木板，与诸葛亮两人拼凑成了一只木桶，限定了诸葛亮野心的膨胀与增长，稳定了系统自身的运行。

刘备所使用的办法，又称之为"制衡"，其目的是不至于形成一股独大，形成新的领导中心，有效地避免了"司马式分权"。分权最优目标的达成，是在能够过滤掉被授权者的忠诚度之后，企业仍能良性运行，这就应该用到"七个小矮人定律"。

七个小矮人定律

所谓"七个小矮人定律"只是一个形象的比喻。这一比喻源自《墨菲定律》中的"跳高运动员定律"，其内容可以表述为：如果你想达到跳到七米的高度，那么，你需要找一个能够跳过七米的选手，而不是七个能够跳过一米的选手。另一种更有趣的说法是：如果一个人挖一个坑需要六十分钟，那么，六十个人挖一个坑，同样也需要六十分钟。这一定律的核心概念是：数量并不是最优，质量才是。

而在企业管理上，七个小矮人永远只是七个小矮人，而不是巨人。

同样的例证，可以看到三国时代的东吴集团，孙权死后，将权力授给了一大群能力平庸之辈，平庸之辈的能力是永远也无法叠加的，所以，东吴集团同样在市场竞争之中败于司马之手。

因此，分权的"七个小矮人定律"就可以做如下表述：你需要把权力分给能够跳过七米的人，而不是七个能够跳过一米的人。

如果说，分权的"木桶定律"是以保持系统自身稳定性为目的，那么，分权的"七个小矮人定律"就具有力促企业系统扩张的强势功能。二者的结合势必突破企业内部的天花板现象，于是，最优化的分权模式浮出水面了：将企业的部门设置作专业化分工，并将权力分配给专业人士。

把权力分配给专业人士的好处是不言而喻的，越是专业化程度精深的人士，就越需要团队的合作以弥补其在其他方面的欠缺。相反，各方面能力都很过人或是才资平庸者，反倒意识不到这一点。

实现分权的五个步骤

从员工的角度来看，强化自己专业化的研究与精深，是获得权力的最优途径。而对于管理者来说，问题才刚刚开始，远未到解决的时候。

如何界定分权的具体操作，远比理论更让管理者困惑。管理者就必须依循我们已经发现的管理学规律进行操作，并在实践中依据情况加以调整。

具体说来，分权的操作分为五步：

第一步：界定公司或部门的天花板之所在。是谁构成了企业的天花板，是你，还是其他几个人？

第二步：寻找最短木板。这块最短木板肯定是在管理者的身上，正如管理者的存在构成了公司的天花板一样。

第三步：寻找能够弥补管理者最短木板的"长木板"。唯有找到一块长木板，才能避免系统受限于管理者自身的"最短木板"。

第四步：寻找长木板身上的"最短木板"。这一步是"七个小矮人定律"的应用，你必须要对接受权力的人进行全面的危害评估，非如此，不足以论及分权。

第五步：重复第三、第四步，实行"双授权"，打造其管理能力彼此错合的强势团队。"双授权"就意味着在分权时的专业性与均衡性兼顾，意味着权力分布的协调性，意味着企业将走上过滤掉员工忠诚度的纯正管理之路，在这种情况下，永续经营才谈得上可能。

用人： 用得好叫骨干，用不好叫硬骨头

◎ 怎样管理恃才傲物的员工

文 / 崔金生 著名财经网络写手（网名"雾满拦江"）

> 没有平庸的员工，只有平庸的管理者。墨菲定律认为：在你手里的平庸者，往往会在离开你之后大放光彩。这句话的另一个意思是说：管理出人才，人才是管理出来的，同样，庸才也是管理出来的。

洪承畴，大明集团资深高管，常务副总，集团公司营销总监，山海关区域公司总裁。在与大清集团的一场生死商战中落败了，连人带市场一起落入了大清集团之手。

大清集团董事长兼总裁多尔衮兴冲冲地跑来："老洪啊，跟我干吧，我亏待不了你的。"

洪承畴听了，摇头道："NO，NO。"

多尔衮道："老洪，别闹了，你就说吧，你要什么待遇？工资？奖金？职位？随你开口。"

洪承畴冷笑道："抱歉，我和大明集团签订的是终身劳务合同。作为一名忠诚的员工，任何理由都不能成为我单方面解除合约的借口。"

多尔衮眨了眨眼睛："真拿你这家伙没办法，你等着……"

很快，多尔衮找来了美女孝庄皇后，洪承畴一见美女，顿时全身发软，急忙道："猎头在哪儿？我不被猎头，谁被猎头？强烈要求立即解除我和大明

集团的终身劳务合同,加盟大清集团。"

为了表示自己的诚意,洪承畴立即提出了《大清集团产品占领中原市场策划方案》,这正是大清集团长期以来难以解决的问题,不想却让洪承畴举重若轻地解决了。见到这份报告,多尔衮喜出望外,连声叫好,恨不能抱着洪承畴猛亲几口才过瘾。

然后,多尔衮吩咐行政文员:"马上发通告,鉴于新进员工洪承畴表现优秀,能力卓越,兹任命其为大清集团前台文员,负责端茶倒水,清扫垃圾。钦此。"

驱鹰激励法

任命洪承畴为大清集团的前台文员,美女孝庄不明其故,问道:"阿多,是不是洪承畴能力不行啊?"

"恰恰相反,"多尔衮回答道,"洪承畴真的是个人才,还是一个咱们大清集团最需要的人才,这没错的。"

美女孝庄愈发不解:"既然洪承畴是咱们大清集团最需要的人才,你怎么不重用他,而是让他做公司的文员呢?你这个做法,岂不是和你自己的话相矛盾吗?"

"不矛盾,一点也不矛盾。"多尔衮哈哈大笑起来,"阿庄啊,你听没听说过御鹰之术?"

美女孝庄:"什么叫御鹰之术?"

多尔衮:"就是猎人训练鹰的方法。阿庄,我来问你,当猎人带着鹰出门打猎的时候,是应该让鹰饿着肚子,还是让鹰撑得直翻白眼呢?"

美女孝庄:"这个……应该让鹰饿着肚子吧?只有饿着肚子的猎鹰,才会有捕捉猎物的积极性。"

多尔衮:"说得好,洪承畴就是这样一只猎鹰。他能力强,管理经验丰富,按道理来说给他无论多么高的职位都不过分,但是,我既然想让他为我好好工作,就不能满足他的愿望,而是要饿着他。鹰饿极了,自然会去抓捕猎物,洪承畴觉得做一个文员满足不了他的胃口的话,自然会想办法表现得更优秀。"

美女孝庄:"原来是这样……"

多尔衮:"不重用洪承畴,还有另外一个原因,洪承畴现在对公司还只有理论上而非实际上的贡献,提拔重用了他,就会对公司原有的利益分配格局形成冲击,老员工的那碗水就端不平。所以,我们只能让洪承畴通过实际的业绩来逐步扩大自己在公司内部的影响,到那时再重用他,也就顺理成章了。"

最难管理是人才

"人才"是相对于能力平庸的员工而言的,但是有一句话我们不能忘了:没有平庸的员工,只有平庸的管理者。墨菲定律认为:在你手里的平庸者,往往会在离开你之后大放光彩。这句话的另一个意思是说:管理出人才,人才是管理出来的,同样,庸才也是管理出来的。

高明的管理者,会将庸才管理成人才。

平庸的管理者,会将人才管理成庸才。

但是,对庸才的管理,不仅需要超凡的管理艺术,更需要消耗庞大的管理成本,而企业终究不是庸才进修学校,所占有的资源更是有限的,老板开办企业的目的是为了利润,不是为了服务于庸才。所以,对于人才"成品"的需求,企业是最大的市场。

只有已是"成品"的人才,才是确保企业以最低的成本获取最大利润的保障，而"半成品"的非人才，更多的应该将成就寄望于自己的努力，而不是仰着脖子等待着天上掉馅饼。

所有的人才都是从庸才起步的，当员工步入"人才"行列，能够满足公司与老板更多预期的时候，管理的麻烦就来临了。

对于半成品的"非人才"管理，理论上来说是比较省心的，合则留，不合则去，留之企业无益，去之企业无害。但对于修炼到了人才阶段的"成品"，就不是这么简单了。如果有能力的员工能够很容易地将自己融入团队，获得企业文化的认同，那就简单了，但既然是人才，恃才傲物总是免不了的。这种恃才傲物有两种情形，一种是人才对自己能力的预期较有把握，难免就有些不把老板和同事放在眼里。另一种情况是人才即使是愿意保持低调，却难免因其才能对企业内部已经形成的利益分配架构造成冲击，受到攻讦，这时候人才纵使不"恃才"不"傲物"，也由不得他自己了。

所以，主客观两方面的条件决定了有能力的员工必然会"恃才傲物"，这就为企业的管理增加了变数。

对有能力的员工管理之难，从以上分析可以看出，能力强的员工往往会带给企业更多的困扰，这其中最大的麻烦就在于企业与能力型员工的磨合上，这种磨合远不是"合则留，不合则去"那么简单。

这种人才的艰难磨合远非始自今日，中国历代君王对于人才的观点，向来是非常明确的：能为我所用，则用；不能为我所用，则杀之。而搞企业的老板不可以随便杀人，那么，在对能力型的员工管理上，老板们应有一套妙计。

恃才傲物的苦衷

一个员工有了能力并不一定成就大事，还要看能否获得公司的资源支持。人在职场，资源甚至重于能力。东汉初年韩信登台拜将，十面埋伏，四面楚歌搞定楚霸王项羽，功业彪炳史册。但是，纵然是韩信有三头六臂，如果没有获得刘邦所许诺的资源调用，也无法成就一番事业。

所以，学会谋求公司的资源支持，是确保我们成功的第一步。但是，公司的资源是有限的，资源的争夺同样是激烈的，每一个员工无不在主张着自己的权利，提出自己的诉求。在某些情况下，能力强的员工，往往更难以获得公司的资源支持。

墨菲定律说：你可以骂一个人长得丑，说他的脚臭，但是你千万不能说他不是人才，否则的话，你就有麻烦了。

这就是说，每一个人都认为自己是"人才"，而且是公司和老板最需要的"人才"。

既然自己原本就是"人才"，当然没有把自己所占有的资源平白让渡给别人的理由。而如果承认对方的"能力强"，更无疑是对自己能力的否定，人在职场，混到了连自己的能力都否定了的份上，那还怎么混？

这就是能力型的员工更难以获得资源支持的原因。

企业内部各方面综合博弈的结果，决定了能力型的员工非得"恃才傲物"不可，他既然得不到资源支持，也只好"恃一恃"自己的才并"傲一傲"，不然的话还能怎么办？

面对这场潜在的人才战争，老板应该给人才清障。

对于老板来说，人才难得。事实上，再也没有比老板更为重视人才的了，"21世纪人才最贵"，所有的老板都是这一理念的忠实奉行者及实践者。十面埋伏、四面楚歌的滋味不好受，没有一个老板愿意做项羽，项羽失败的一个重要因素就在于他失去了韩信。避免这种情况唯一的解决方案就是：获得人才，只有人才能够帮助老板决胜于市场之巅。

如何管理"恃才傲物"的员工

理论上来讲,能力型的员工自我管理能力也比较强,首先他们有着明确的人生目标与规划,其次他们的工作能力比较强,能够举重若轻地完成高难度的工作任务。

而老板要做的,就是如何将员工的职业生涯规划纳入到企业的发展规划中去,使其同步发展,并借助能力型员工的能力促进企业的发展。这其中,员工的职业生涯规划是重中之重,只有在这个基础上,才能够展开对员工的目标、激励、合作等分项管理。

正如多尔衮不肯喂饱洪承畴,以御鹰的方式对其实行管理一样,企业对能力型的员工也会给其一个与其能力相匹配的个人发展目标,这一目标的设定是建立在企业发展基础之上的。但同时,老板应要求能力型的员工确立一个适度的近期目标,并通过近期目标的调整与磨合,规范能力型员工的行为。

这一近期目标或许是能力平庸的员工的全部,但却是能力型员工的一个过程,这是二者的区别。

与目标相匹配的,是企业对能力型员工的激励方式。

由于目标的不同,激励的方式也不同,对于普通员工的激励因素,在能力型员工看来不过是保健因素。所以,老板对能力型员工的激励,更多的是采用成就激励法,这恰恰是能力型员工的软肋,成就感能够满足能力型员工的尊重需求。

对于能力型员工而言,纯目标的激励与其他形式的激励的定位,必然会导致公司在另外几个分项管理上与普通员工的区别:在公司对能力型员工管理的过程中,目标激励是老板最喜欢的方式,不仅仅是因为成本低廉,最重要的是,这一管理方式能够最大限度地降低组织系统的内耗。

职场
生 死 线

选人：

得其人则生，失其人则死

莫名其妙地被贬，稀里糊涂地被骂；意气风发时遭冷水浇头，几近绝望时一朝升天；刚刚站稳脚跟，却被派往新的荒原；唾手可得的职位竟然横生变数……其实这是老板看中了你，"折腾"你，期望你脱颖而出。

◎ 交班前的魔鬼训练

文／夏小荣　太和顾问咨询有限公司西南区总监

> **他似乎永远不满足，不时来到车间，嚷嚷骂骂，从不给你方法，挑完刺就走。做好了没鼓励，做不好就大发雷霆。我曾经发誓，只要他说一个"好"字，我就离开公司，但当他真说的时候，我却选择了留下。**

在1998年，我选择了我打工生涯的最后一家外企，谁知道这却让我遭遇了一次"恶霸老板"的魔鬼训练。

永不满足的"恶霸"老板

在进入这家企业前，我就打定了主意，我要在这家企业扎根、深入，不干满两年我决不离开。原因很简单，已经经历过好几家外企的我，对一般的管理技巧已经大致掌握，我现在缺的就是领导力的锻炼和韧性的磨炼。

进入公司后，我先担任了一个生产部门的经理。说是一个部门，其实比一般的工厂还大，有800多人。我的上司是总经理，除了销售，还负责着公司的大小事务。

上班第一天，他把我叫到办公室，从抽屉里拿出一张纸递给我，"这是你负责的车间一年前的工时定额，早就该提升标准了，这是你的第一个任务，拿个计划出来吧。"新产品、新工艺、新设备、新员工，一切对我都是新的，要熟悉的太多了！

上班第二天，老总就来到车间，带着我来到流水线前说："这条流水线，目前一天的产值是10000PCS（件），但其实它可以一天完成12000PCS，你布置下去吧。"于是我只好照办,在第三天让整条流水线加班了一个多小时才完成了新任务。尽管如此,老总还是非常不满意,又跑到车间,一一指点。但事情远非他说的那么容易,经过了整整一周的努力,我硬是让整条流水线达到了预定目标,心里也非常得意,我旗开得胜呀。

第二周的一天,老总来到我的办公室,一进屋就吼起来了:"办公室很舒服,是不是?我让你生产12000你就生产12000,不能更多?还有其他流水线呢。"说完,气呼呼地走了。

我心里开始窝火了,老总怎么能这样?不能讲人话吗?我是一个从不认输、喜欢挑战的人,我更忍受不了有人瞧不起我!于是我就长期在车间里泡着,也开始学他的样子吼着、嚷着。我发现我温文儒雅的管理风格在他的影响下,不知不觉地开始改变了。

就这样三个月过去了。一天,总部来了两位工程师,带着一摞资料和一个秒表在车间转悠了三天,又是卡秒表,又是敲计算器。我看得出,他们是在这里计算车间员工的工时定额呢。不久公司通知开会,十多位部门经理都在场,两位工程师在会上公布了我车间的成绩,工时定额在整个集团公司里排名第一,掌声和羡慕瞬间迎面而来。我心里也很得意,忍不住地把眼光瞟向总经理,本来挂着笑容的他,见到我望了过去,脸色一下严肃起来,冷冷地回了我一眼。我心里也是一哆嗦,这人怎么老跟我过不去呢?

又过了三个月,我发觉老板变本加厉,越来越能折腾了。一天,他又来到车间,拉着我来到一台机床前:"你看看,这里这么多皮屑(电线脱皮加工后的剩余物)!叫你抓产量,你就只知道抓产量,车间5S这么差,为什么没注意到?为什么不去改善?"说完,又是气呼呼地走了。

我恨得咬牙,你是不是一开始就看我不顺眼?

我做了那么多事,是人都看到我的业绩,为什么你就看不到!不是故意找茬又是什么？第二天，我没去上班，一个人跑到附近一公园，烦，想清静清静。也赌气，没给公司打电话请假。临近中午的时候，老总打来电话，我没好气地说，我不舒服，在公园溜达呢！我想，这下他肯定会发更大的脾气，说不定就此炒了我。然而意外的是，这次他声音很平和，说，那你就好好休息休息，调整好了再上班。

我想了很多，想到了离开。我随时离开随时都能找到工作，而且我敢肯定，绝不会比这里差。可我找不到离开的理由，骨子里那股不服输的劲，让我决定不可能就这样离开，这样太窝囊！对，要走也要等他挑不出毛病的那天再走！

让人心虚的微笑

一天，老总又来了。我陪他查完了整个车间，他停下脚步，盯着我看了很久，看得我心里发毛，心里想着，又不知哪里出问题了？他突然笑了，我从来没有看到过他笑，心里更虚了，这家伙要干什么？他轻轻地说："这样还差不多。"差不多？我心里恨得发痒！他又说："你是不是特别恨我？"没让我回答，他又说："我也恨你，是恨铁不成钢的恨，别人都说我经常骂你，我说这不是骂你，是讲你。讲一些该让你反思的话给你听。今天我讲你，是我还要你。如果哪天我不要你了，我也不讲你了。"

我还在揣摩老总的话，他又说话了。感觉他今天变了个人，话很多。他说："我要走了，这里迟早都是你们的天下！你真的很不错！"说这句话，他显得很吃力。他是一个跟我一样要强的人，我知道他说这句话，真的很难，但他说出来了。

什么？我没走，你倒先要走了？我一下子蒙了。我说过，当他不再说我有哪里不对的时候，当他说我还行的时候，就是我离开这公司的时候！如今，

选人： 得其人则生，失其人则死

从他嘴里终于说出了认可我的话，我本该高兴，本想按照我很早设想的那样，潇洒地对他说："今天你认为我行了，那好！拜拜，我不伺候你了！"可我没说出来，实在是说不出口，现在要走的是他。而且，他刚才说的话，让我感悟到些什么……

总经理走了之后，我也很快升到了协理职位，挑起了更多的管理工作。三个月后，总经理回来了，他悄悄告诉我一个秘密，说总部给了我一个新的机会，去带头组建一个新公司。我知道，这是他的功劳，肯定是他向总部推荐的，才给了我这个别人做梦都想得到的机会。

后来，我真的去组建了集团的新公司，带去十多个人，边生产边管理工地、招人、建厂房、起草规章制度，最后发展到近两千人。在这个过程中，历练很多，收获也很大，但细细想来，其实也是他的成全。

◎ 决赛胜出，冠军不干了

文 / 潘文富　上海森潘企业管理咨询有限公司总经理

> 从海选到决赛，一路过关斩将坚持到最后的骨干竟然宣布退出！我的好心被理解为狠心，我的考验被理解成刁难，这就是折腾的代价！

在八年前，我曾经工作过的一家公司需要提拔一个核心骨干来做业务主管，我当时经历了这个选拔过程的前前后后，在经历了层层筛选后终于确定了一个合适的人选，然而我却差点失去了这位历经折腾，最后胜出的骨干。

选定折腾对象

公司有17位业务员，怎样从中挑出千里马呢？若是直接提拔，万一这人品行不轨怎么办？万一众员工不服怎么办？万一此人能力不够怎么办？我想起在小时候，小伙伴在一起选老大，就是一群混战，谁能打得赢，谁就是老大。这和选骨干道理也是差不多的，同时抛给他们一些问题和难题，看谁能搞得定，看谁的表现最突出，看谁的做事思路最清楚，优胜劣汰嘛。通过实际问题考验其真实水平，看谁能担当业务主管。

主意一定，操作起来就简单了，在现有的业务员中，先初选了五位。作为入围对象，给这五位安排了一个具体的任务，就是把公司新引进的冷热两用型饮水机作为主推产品，面向市区的企事业单位进行推广，每人负责当地的一个区，时限一个月。当时，安徽的饮水机市场还处于起步阶段，普通家庭的购买量都挺有限，单位团购的数量更是少之又少，更何况是这种每台上千元的高档饮水机。在向这五位业务人员宣布这个要求后，当即就有两位业务员说这做不成，并且列举了一大堆的理由：价格太高啦，单位生意不好做啦，没关系没渠道啦，消费者没这种意识啦等等，还没开始做就开始自打退堂鼓，岂能是当主管的料？排除！

另外三位倒是没说什么，很快开始进行相关的计划安排和准备工作。可是，一周后，又有一位业务员找我倒苦水，说这单位生意太难做了。我仔细问了他的工作方法，太陈旧，一点创新都没有，遇到点问题不去想办法来解决，跑到我这里来发牢骚有什么用？排除！

现在就看最后两位的了，从表面上看起来，这两位还都是积极地推进，但仔细观察发现，其中有一位其实是在敷衍。这位业务员在接受任务时并没有提出什么异议，在执行上也没有明显的退却。但是，他只是在为了执行而执行，只是按部就班地推进，而不是为了目标和结果在推进。反正老板让我做，我就做，至于能不能做出成效，到时候再说。

这种人是糊弄事的，不是做事的。幸亏发现得早，不然把业务交到这种只会做表面工作的人的手里，把公司卖了我还不知道呢。

小心你的好心变成恶意

现在就剩下最后一位了，是公司里学历最高的小张。小张做得很努力，也很辛苦，虽然销售量有限，但小张毕竟是在想方设法地为达成目标而努力。其实，对我来说，这个项目能卖掉多少饮水机不是最重要的，最重要的是考察他们如何看待工作，为了进一步确认小张的品行和承压能力，我决定再给他加点担子，加点压力。人没有压力做不好工作，给员工加点压力，一方面是提升其抗压能力，另外一方面也是促使其从创新的角度来思考工作。于是，我把原定的任务量又翻了两番，当然，我的目的只是想看看小张在承受更大压力的时候，会出现哪些反应。但是，让人没想到的是，在我和小张说增加任务量后的第二天，小张主动找到我说，他辞职不干了！

为什么？小张也不肯说，反正就是不干了，问题出在哪里呢？再三开导下，小张说出了真实原因。他认为，种种迹象表明，是我在逼他走，所以才主动提出辞职，天地良心啊，我是在给他机会呀！给他加担子是为了培养他，锻炼他的承压能力，为将来的提升做准备，可小张怎么理解成我要辞退他呢！

在与小张继续深入沟通后，我终于发现了其中的问题所在，原来老板和员工之间的思维模式相差很大，在很多方面甚至是截然相反的。比如说在这次的提拔问题上，我的思路是通过给员工压力，或者说通过折腾员工，从中发现员工的实际工作能力、承压能力、创新能力，以及对我意图的领悟能力。但是，员工可不是这样想的，员工是被动的，而且是没有安全感的。在面临接踵而至的问题时，员工首先想到的不是机会，而是危机。是不是老板对我有意见？给我下这么重的任务，且是明显完不成的任务，这不就是在逼我走吗？与其等老板开口，不如我自己主动提出来好了。

通过这个事件，我也总结了很多。首先一点，员工的思维模式与老板在很多方面是不一样的，同样的事情因为所处角度不同，很可能结果就会大相径庭。

老板的出发点也许是好心，是抱着从培养员工的角度出发的，但是员工也许会被认为是折腾，是老板的一种无能表现。因此应该主动告知员工这次之所以给你们下这么重的任务的目的何在，别再遮遮掩掩。不说清楚的话，员工就会自己瞎想，毕竟不能指望员工有那么高的领悟能力。压力有两种，一种是正压，一种是负压，正压可以促进员工积极地思考问题，寻求解决办法；而负压则会让员工产生绝望，寻求逃避的办法。正面压力促进员工向前看，负面压力导致员工向后跑。

另外，老板是没有退路的，公司是自己的，无论如何都要做下去；而员工不是这样，员工的心理承受能力有限，一旦承受不了时，不是想办法解决，而是直接找退路，闪人不做了。最后吃亏的还是老板。

◎ 过山车演练新舵手

文 / 毛小民 中国品牌研究院研究员

> 一位业绩飙升的销售副总,陡降为生产班长,他将何去何从?刚刚当上生产副总却被要求培养接班人,老板意欲何为?

陈旺和朱丁是一起打江山的老朋友,在董事长朱丁创立企业之初,陈旺就加入了公司,可以说是元老级的人物。公司的销售在陈旺的带领下,业绩正飞速上升,然而就在他意气风发之时,董事长却在一次干部会议上突然宣布,公司的销售副总由陈旺手下的一个大区经理担任,陈旺则被调到公司的一个生产车间担任一个生产线的班长。董事长的人事调整没有一点前兆,这下子便引起轩然大波。

盛极而衰

陈旺感觉天一下子就塌了,百思不得其解。难道应了那句古话——鸟尽弓藏,兔死狗烹?突然把自己从耀眼的销售副总的位置贬到一个小小的生产班长,这不跟开除自己是一样的吗?而且关键是他对生产一窍不通。

思前想后,陈旺感到自己应该离开,反正早有几家公司用高薪伸出了橄榄枝,于是他简单地写了份辞职报告,准备第二天向朱丁摊牌。

第二天,快走到董事长办公室门前时,陈旺想到了和董事长创业时的一些情景。说实话,董事长除了这一次有点不近人情,平时对他还是很不错的。

选人：得其人则生，失其人则死

现在突然不明不白地辞职，也许是有人给董事长散布了什么谣言，那自己不是跳进黄河也洗不清吗？想到这，他收回了准备敲门的手。

不期而遇的挫折和打击，莫名其妙的折腾往往会使人在心理上难以接受，委屈和痛苦的感觉并非所有人都能有效化解，有的人甚至为此自暴自弃，从此一蹶不振。但是不同的选择往往会带来不同的结局。

调整心态

陈旺来到生产车间后，想到"既来之则安之"，正好自己也可以熟悉一下生产。于是他拿出了做销售时的劲头，认真钻研生产知识和流程，很快他所在的班各项指标便位居公司前列。

三个月后，陈旺突然被邀请参加公司的高层会议。在会议上董事长又宣布了一项令人震惊的人事决定，辞退公司的生产副总，由陈旺担任生产副总，同时要求陈旺必须在半年之内重新培养一名生产副总。

陈旺虽然有点摸不着头脑，但是这次毕竟又成了副总，也就不好再说什么了。

为了改变生产中所出现的各种问题，陈旺利用这三个月对公司生产的观察分析，开始了一系列大刀阔斧的改革，使过硬的产品质量有效地支持了销售，取得了不俗的业绩。

在年底公司的全体员工大会上，陈旺又被任命了一项新的职务，那就是担任公司的总经理。任命的同时，董事长把一辆崭新的奥迪轿车的钥匙也交到了陈旺的手上，面对同事们的恭维话，陈旺同样对董事长的真实意图搞不清楚。

所谓人才并非完人，他同样会在折腾面前惊慌失措，但是优秀的人往往会快速调整心态，用事实来证明自己，而这种过程往往会促使他快速完成职场的蜕变，使自己走向成功。

雾开云散

大会结束后，董事长朱丁叫上陈旺来到了一家咖啡厅。随着推心置腹的交谈开始，陈旺心中的疑惑总算解开了。

"公司去年三月份的时候在外地准备新增加一个项目，当时牵扯了我很多的时间和精力，但是我们现在的公司总得找一个负责人，本身我打算直接让你担任总经理。可是后来我一想。一来你这些年太顺了，如果直接让你担任总经理，公司发展顺利时倒无所谓，但是在公司遭受挫折和打击时你是否有足够的心理承受能力就很重要了。公司遭受挫折和打击都不怕，就怕到时这个公司的负责人没有足够的心理承受能力来承担这一切，而如果真是这样，那将会给公司带来致命的伤害。二来，你一直是做销售，对公司的生产业务并不熟悉，一旦你担任总经理后，其他部门的负责人不一定会服气你。由于你不熟悉，其他人在工作中糊弄你，你也找不到正确的办法来处理。所以我就想找个方式来考验一下，看一下你的心理承受能力，同时也让你熟悉一下生产工作。

"说实话，当时让你直接到生产一线当班长，我也很担心，怕你想不开，但是我也无法把这一切给你讲明，只有看你如何来对待这一打击和挫折了。如果你选择了辞职或破罐破摔，那我会既难过又庆幸。难过的是我可能会失去一个好兄弟和好干将，庆幸的是我没有把一个不合格的人推到公司总经理的位置上。

"好在你能够很快调整自己的心态，在新的岗位上还能干出出色的成绩，这时我才真正放心，在任命你担任生产副总时，我让你在半年内重新培养一名新的生产副总，这可以说是对你能否担任公司总经理最后一关的考验了，尽管当时你仍然不知道我这样安排的目的。

"通过多次的压力考试，事实说明我对你的判断并没有错，所以到今天我才把公司总经理的权杖交给了你。现在我可以真正放心了，也可以专心去运作新的项目了。"

朱丁说完了这些话，看了一眼听得有些发呆的陈旺说："怎么样，兄弟，今天你不会恨我了吧？"

"恨？不恨，应该是不恨了。"陈旺笑着紧紧地握住了朱丁的手。

这个结局应该是完满的，陈旺完成了自己一次职场的蜕变，朱丁也通过这种折腾的方式培养出了自己满意的人才，达到了自己的目的。事实上，职场上的折腾往往会以不同的形式出现，老板有时也会有自己的难言之隐，但是作为职场中人，当折腾到来时，一定不要轻易做出草率的选择，而应把它作为自己人生的一次历练，成功有时真的就在折腾之后。

◎ 我对年轻骨干的"淬火炼钢"

文 / 孙力 深圳天赛公司董事、总经理

> 我们软件行业已经容不下"板凳坐得十年冷"的提拔方式了，人才的短缺时刻威胁企业的发展，怎样才能让那些初出茅庐的小伙子承担起开疆重任呢？我开始了"淬火炼钢"的尝试。

作为一个企业经营者，我经常觉得人才太稀缺了，特别是我们软件行业。在这个行业，技术更新的速度以天来衡量，推出新产品是制胜的关键所在，而这一切靠的就是人才。但我公司大部分都是刚毕业的大学生，突击提拔出现问题怎么办？

半年前，研发部一个小组的负责人王刚，越级向我报告了一种独特的研发方法，使正在研发的防火墙系列产品，可以同时以中、英、日三种语言推入市场。我让总工组织研发人员进行反复的推演后，成功实施了这一思路。从此王刚作为技术骨干进入了我的视野，他的聪明、热情和朝气给我留下了深刻印象。

前不久，由于业务扩张需要，公司要在外地另设一个研发中心，这个研发中心的负责人必须能够按照公司的产品战略，独当一面地做出研发决策。

我把手下的几个技术骨干在心里过了好几遍筛子，感觉王刚是主要的候选对象，因此专门把总工找来进行磋商。

总工是个稳重踏实的中年技术专才，相信搞技术的必须要"板凳坐得十年

冷",他听了我的想法,没有直接反驳,只是慢慢地说:"王刚肯定很能干,但他现在意气飞扬,聪明外露,我觉得还要经过一番磨砺,才能放到那个位置上去。"

"现在竞争非常激烈,传统的人才培养、考察、选拔的方式,可能面临着极大的挑战,如果我们再用'板凳坐得十年冷'的方式来打磨王刚这些年轻人,很可能会把他们逼到对手的怀抱里去。"我有些担忧地质疑道。

"我觉得眼下王刚绝对是个聪明小子,在我们的眼皮底下也能发挥得很好,但要到另一个研发中心去独当一面,可就不是靠一些聪明点子能做好的。"

总工的话让我看清了未来的风险,但面对发展机会,有雄心的人应该未雨绸缪,而不是因噎废食。

在我看来,每个潜在的人才都像一块生铁,在实际工作中的成长方式,大约可分为两种:一是百炼成钢,即用日常工作中的问题不断磨砺他,这需要长时间的积累,比较适合于传统的制造业;还有一种方式就是有意识地"淬火",将处于白热化的"生铁"猛然浸到冷水中去,从而改变材料的特质,使它更坚硬,抗压能力更强。

对于这两种方式,我认为"淬火"更加适合我们这个行业的特点。

那么该如何对他进行"淬火"呢?

三天后,我特意列席研发部的工作会议,对王刚小组出现的进度延误表示非常不满,并当场撤去他的负责人职务,指派他到客服部担任维护工程师,让他惊愕得说不出话来。

看着王刚颓然离去的背影,我深深感受到他满腔的愤懑和失落,心中不由得升起一丝隐隐的怜悯和不安。但这点情绪很快被另一个声音压倒了:人总是要经历风雨才能成长的,"淬火"就是这样,当烧红的铁块投入冷水时,会"嘶嘶"地冒出白腾腾的热雾。

工作会议结束后，我示意总工去对王刚进行必要的安抚：我要做的是"淬火"，而不是把铁块扔进水里放任不管，那样再好的铁块也会生锈的。

晚上，总工回来和我聊王刚的反应："他觉得很没面子，非常震怒，想马上请假辞工。"

"嗯。"我不置可否地点点头，王刚的心在痛苦地嘶叫，这也是"淬火"的一道正常"工序"。

"我很努力地激励了他一番：'天将降大任于斯人也，必先苦其心志'嘛，这点委屈怎么都受不了呢？我也跟他说做维护工程师这段经历很重要，公司也很看重他，如果他能通过这段磨炼，会有更多的机会。好歹让他愿意扎扎实实地干了。"

总工这么多实在的话，让我觉得他这红脸唱得有些过，也许会使"淬火"的效果打折扣。

但从另一个角度讲，现在是竞争社会，我们必须面对其他企业对王刚的吸引，如果一次逼得太狠，让王刚对公司"恩断义绝"，那就把一块上好的"材料"白白送给了对手。

十天后，我在电梯里碰到王刚，他只是礼貌地打了个招呼，没有像过去那样快人快语地和我谈他的想法。

"怎么样，做维护工程师的感觉如何？"我主动表示了有限的关心。

"整天给客户解决故障，修补软件的漏洞，还是挺烦琐的。"王刚有些黯然地回答道。

我心里微微一笑：要磨炼的就是让你不怕繁难，把事情做对做好嘛。但在走出电梯前，我还是从侧面给了他一丝希望："王刚，以你的智慧和能力，能做个最出色的维护工程师吗？"

"什么是最出色的维护工程师呢？"王刚的眼睛陡然变得明亮起来。

"你说呢，这肯定也有个标准吧?"我知道这些年轻人都崇尚"竞争、流程、标准"这些先进理念，就有意给他留下了一个挑战性的问题。

又过了五周，总工高兴地告诉我，王刚为客服部设立了一套新的维护流程，使平均故障处理时间缩短了20%。

听到这个消息，我真的像打赢了一场大战役那样高兴。因为这次"淬火"试验的成功，也许能够推动公司形成一个"淬火"流程，那样就能源源不断地生产出经过考验的中层骨干，从而使公司保持高度的竞争力。

当我和总工磋商完毕，找王刚来谈他的新职位时，我发现他已褪去了毛躁和青涩，显得更加沉稳和干练。我想，这种双赢的局面是最令人满意的。

◎ **让空降兵潜入企业**

文／李天　逸马行空连锁顾问机构首席咨询师

> 我引进了一条"鲶鱼"，却因"沙丁鱼"的排挤而死亡。怎样才能真正发挥"鲶鱼"的激活效应呢？我开始了新的尝试。

我要说管理就是折腾，肯定会引来一片骂声，但是事实确实如此。

一次，我空降到一家中外合资企业做总经理。当时，我对这个行业一点都不了解，不懂业务、不懂技术，完全一头雾水。

那么，应当从何下手？

毛主席曾经教导我们："路线对了，人就是决定一切的因素。"于是，我决定从员工入手。

副总是功臣，是企业的开国元勋，董事长都敬让三分，不能动他。基层员工干一份活拿一份钱，他们的思维很简单，折腾他们也没什么用。

看来，我只能从中间突破，从折腾中层骨干开始我的空降职业经理人之旅。

"鲶鱼"死了

鲶鱼效应的故事，大家应该十分熟悉。挪威人喜欢吃沙丁鱼，尤其是活鱼。市场上活沙丁鱼的价格比死鱼要高许多，于是渔民总是千方百计地想法让沙丁鱼活着回到渔港。可是虽然经过种种努力，绝大部分沙丁鱼还是在中途窒息死亡，但有一条渔船却总能让大部分沙丁鱼活着回到渔港。

选人： 得其人则生，失其人则死

原来船长在装沙丁鱼的鱼槽里放进了一条以沙丁鱼为主要食物的鲶鱼。鲶鱼进入鱼槽后，便四处觅食。沙丁鱼见了鲶鱼十分紧张，不得不加速游动，四处躲避。这样一来，一条条沙丁鱼就活蹦乱跳地回到了渔港——鲶鱼进入鱼槽，使沙丁鱼感到威胁而加速游动。这就是著名的"鲶鱼效应"。

对于企业来说，沙丁鱼就好比一批同质性极强的老员工，他们技能水平相似，缺乏创新和主动性，使整个机构臃肿不堪。管理者要实现管理的目标，同样需要引入"鲶鱼"，以改变企业一潭死水的状况。

我上任后开始大量招聘各类中层管理人才，有业务经理、技术骨干，可是半年下来，没有一个留下来，最长的在企业干了三个月，最短的才一周。是我招的人不优秀？还是企业缺乏吸引力？我开始反思……

后来，我回访了所有离职员工，发现问题是他们受到了排斥——原有中层骨干，平时可能矛盾重重，但是当有外来者可能会影响他们的利益时，他们会空前团结，一致对外。

潜入企业

于是，我改进了引进人才的办法：一是不管引进什么职务的人才，先从普通员工做起。工资可以按相应职务给，也与应聘者约定一定时间后会让其担任相应职务。这一招还真管用，老中层骨干不再抵触了，他们想："这些新来的人，反正是在我手下，可以任我折腾，不会构成太大威胁。如果有异动，我可以马上干掉你。"另一招是分拆，当空降兵掌握企业的情况和本部门的情况后，我就将部门职能分拆为两个或者三个部门。

原总经理是技术出身，一直兼任总工程师的角色。他走后，技术这一块成了空当。我面试了一个在这个行业做了十多年的工程师，各方面条件都符合总工程师的要求，我便对他说："你是否愿意从普通工程师做起，你的最终

职务目标是总工程师,至于多久能做到这个职务,要看你与企业的融合度。"他欣然答应了我的要求。

事实上,他只干了三个月,就对企业的业务很熟悉了。于是,我将他从技术部分离出来,成立了一个研发部,研发部的工程师全部是新招聘的,原技术部只负责日常生产中的技术问题与客户的售后服务,研发部负责新产品研发、新技术引进等。过了半年,我又正式任命他为总工程师,管理技术部与研发部。

新官上任三把火,他一上任就大胆革新。成本降下来了,臃肿的机构简化了,无能的"沙丁鱼"被赶走了,有能耐的"沙丁鱼"得到了正面的激励,整

选人： 得其人则生，失其人则死

个机构呈现出一派欣欣向荣的景象。

这就是我的管理经验。当然从不同的角度分析，"鲶鱼"代表的内容是不同的，可能是领导，也可能是新来的员工。也许某一天你也变成了"鲶鱼"，赶着一群"沙丁鱼"向上奋斗；你的同事也可能是"鲶鱼"，那就和他比拼比拼，看谁翻腾的能量更大；你的下级也可能有"鲶鱼"，那就在激励下属成长的同时，别忘了给自己充充电，否则你也有被吃掉的危险；你的工作中也可能有"鲶鱼"，那就合理地安排自己的工作，分清主次，让"鲶鱼"越游越欢，最好能到上一层工作岗位去搅动一番。

总之，"鲶鱼"在不同的企业代表的职务可能不同，但是作用是一样的，就是让员工努力与组织保持同方向，永远充满激情地向上游。

◎ 我给人才设跨栏

文 / 景素奇　北京腾驹达猎头公司董事长

> 当你进入了我的视线，我会默默地观察你；当发现你优秀时，我会用"火焰和海水"来折腾你，看你是"材"还是"才"；当你干得起劲时，我会冷落你，再往你眼睛里撒一把沙子，看你是急着吼着把沙子揉出来，还是不疾不徐地区别对待。

我一直把《西游记》当成 HR 范本来读，这个故事成就的是孙行者，西天的最高权力者如来是把悟空当"佛"来培养。他既是师傅，又是慈父；既是统治者，又是心理导师。不听话时压你一座五指山，碰到难题会助你一臂之力。

我一直在事业中寻找悟空，这个过程充满了未知与惊喜，因为一切都将在沉默中进行……

成就人才的是心胸

这个世界从不乏人才，但他是人"材"还是人"才"，要将他丢到职场中去淘一淘，再晾一晾。

我曾发现一个突出的销售人材，他的业绩在公司里长期保持第一。当他进入我的视野时，我决定让他去"唱戏"——在公司大会上介绍销售经验。

这对双方来说都是个机会。对他，介绍经验可以树立威信；对我，可以考察出他的口才和逻辑思维能力，为他下一步的提升确定方向。

让我意外又失望的是，当他走上讲台时，面对下面无数企盼的眼光，他却只讲了短短几分钟，明显在敷衍。他在担心什么？

他担心经验被别人学去了，会抢他的资源。这是一个拒绝与人分享、内心不开放的人。要知道，当一个人能力和业绩突出的时候，是最容易引起别人嫉妒的时候；但当你内心充满阳光，主动与人分享，也是赢得人心最好的时候。

我仍然观察他，一点点加压，继续折腾。开始给他分派不属于他职权范围的工作，有时加班或外出应酬也带上他。他开始私下抱怨了，去给同事散布"董事长欺负老实人，工作量加倍怎么工资不加倍？"他开始消极对待"额外任务"，直至拒绝加班。

看着这个"聪明人"，我想起了十几年前的自己，那时我在某大型集团给总裁当秘书。一天下午快六点了，突然接到老板通知："小景，明天上午八点市长要来，你赶快准备一下我的发言稿。"回到家里，我挽起袖子开始查资料、写稿子。在这么重要的场合里，稿子不能出错而且措辞要恰如其分，我改了又改折腾到早上六点。

来不及休息了，骑上自行车赶到会场，和同事们一道拉横幅、摆桌凳，同时做好会议记录。当我满怀期待地想听到领导念出我的呕心之作时，却发现市长是位口才极佳、思维敏捷的人物，他根本不打算给总裁发言的机会，直接从开始讲到了中午十二点。

我的失落是可想而知的，但我不抱怨！我积极地想，在这个重要的紧急时刻，领导首先想到的是我，信任的也是我，而且我很好地完成了老板交给的任务。那么，将来我的机会会更多。

给你沙子是为了磨砺你这块金子

一轮折腾下来，我对这个聪明人的定位是"工程师"。他可以在某个独立的领域干出成绩,但他不能带兵打仗,这个时代稀缺的是带领团队冲锋的将才。

一位将才的成长之路也注定充满了对抗和折腾,他的环境是顺是逆取决于他的心胸和禀性。通常看到一位可造之才,我不会对他充满温情,他得到的资源不多、任务却很重。给他安排几位有能力的"刺头"部下,再在他的部门中安插下一名"皇亲国戚"。

这把沙子就在你的眼睛里了,是吹是揉就看你的了。我曾经给另外一位中层干部设置了这样的障碍,然后我离他一丈之远,仿佛置身于纷繁的局势之外。

当你的手下能力不逊于你,对你还有点不服气,你是打压还是扶持,全在你心中积淀的素质和禀性。一个自我认知能力强的人,知道自己在组织中处于什么位置,能起多大作用。当周围充斥着看似不利于自己的因素,是"排挤"有利还是"化敌为友"有用,这需要情商也需要智慧。而在他身边的"领导亲戚",更是豆腐上的一粒沙,拍不得也吹不得。

事实证明,这位员工很会把握局面。他以帮助的方式去带领手下,把个人资源慷慨地贡献给大家,他得到的是员工衷心的尊敬和拥护。对"领导的亲信",他既不巴结奉承,也不冷落挤对,而是有理有节地保持接触,既尊重同事的意见,也会说服大家往他的路线上走。最后,他成功地带动那位"领导的亲信"转而向我要更多的资源开展工作。

而最难能可贵的是,他不争功,"成绩属于大家"。有能力让不在同一坐标的人成为紧密的团队而不居功自傲,能抗得住激烈的折腾,这才是一棵好苗子。

心有多大舞台就有多大

人的成长不在于穿什么鞋走什么路,而在于你的心胸和视野,这是教不

选人：得其人则生，失其人则死

来也学不会的。它是你的基因密码，如影相随无处不在，这才是一个人的独特气质。

如何让一个将才成为"上马打仗，下马治国"的帅才，这需要"己合"：合天、合地、合人。天下万事万物都不是一蹴而就的，一个帅才更是从无数的失败和折腾中走出来的英雄。

当我把已能独当一面的那位中层干部丢到别的部门去时，我心里捏了一把汗。这是个客户服务部门，和前线的一马当先不同，这个部门充满了客户的牢骚和工作的琐碎，以及下属遭受客户的"欺负"后的抱怨，极大地考验着人的耐性和包容度。

他究竟能成为帅才，还是只能做将军？只能由他自己来做决定。

一个人的思想和眼界只聚集在局部，心中无名山大川之沟壑，那么他看到的世界永远都不是恢宏的！心有多大，舞台才有多大。

三个月后，我得到了那位中层干部的建议书。

这个充满锐气却又谦逊大度的年轻人，当他置身于一个折腾起伏的环境中，还能静下心来思考。立足于擅长的领域，结合了客户服务部门的聚焦点，站在公司高层纵观全局的出发点，提出了几个部门协同整改的建议书。

我的惊喜大于建议书本身，一个内心和谐、像风像水一样包容的人，他会有一支和谐的团队。

就像取经路上的八十一难，历经折腾与磨难，我终于找到了你。

选人：得其人则生，失其人则死

◎ 折腾的三个维度
文 / 丁海英 史宾沙管理顾问公司董事

折腾主要包括三个维度的锻炼：一是积累在不同国家和不同地域市场的工作经验；二是积累不同职能或同一职能中不同运作模式的工作经验；三是积累在各种境况中的经验。

人们常说："加入是因为公司，离开是因为老板。"可见一个卓越的将才可以凝聚一批优秀的人才，而人才直接影响企业的竞争力。

人才也就是能利用其知识和技能为社会创造价值的资源，如何让一个公司包括人才在内的所有资源发挥最大功效，这就是将才的作用。

那么，将才和人才的最大区别是什么？一般认为前者不但具备扎实的硬技能，而且具备非凡的软技能，比如领导力、判断力和交流沟通能力等。

相对而言，硬技能是比较容易通过学习和培训获得的，也是比较容易评估的。软技能却不是通过培训就能获得的，需要通过一段时间的练习和实践才可以把书本上的方法变成自身的技能。有时硬技能缺少一点是可以较快弥补的，但领导力和判断力如果不足通常比较难在短时间内改进。

那么，软实力从何而来？我认为，被折腾是最好的方法。这里的折腾主要包括三个维度的锻炼：一是积累在不同国家和不同地域市场的工作经验；二是积累不同职能或同一职能中不同运作模式的工作经验；三是积累在各种境况中的经验。

我们可以看到越来越多的全球首席执行官（CEO）具有海外工作经验。调查显示，在标准普尔500强企业的CEO中，具有海外工作经验的CEO比例已从5年前的26%上升为34%。可见，在经济越来越全球化的今天，对不同市场的了解成为CEO们非凡判断力的基础，而对不同文化的理解也影响着CEO的领导力。所以在亚洲，很多跨国公司总裁是由总部派来，一方面便于执行总部的意志，另一方面也是培养具有海外经验的经理人。同时，跨国公司已经开始更加广泛地培养具有海外工作经验的本地人才，积累具有全球化观念的经理人。

同时，跨职能或运营模式的"折腾"也必不可少。在我们帮助客户评估CFO的候选人时，一个重要的标准是对业务和运营的了解，因为CFO的角色是从财务的角度考虑CEO的问题。有趣的是，在史宾沙公司对标准普尔500强企业CEO背景研究中，有接近50%的人次曾经在以下职能中的两个以上工作过，包括学术研究、银行、咨询、工程、财务、法律、营销、运营、计划和销售。

"折腾"还需要锤炼的是管理更大范围业务的能力。比如，我们常遇到一些非常出色的区域经理，他们具有很强的领导力，能够虚心听取自己团队的建议和意见，他们的业绩总是超出预期，可是他们很难成为领导整个中国业务的总裁。为什么？其中一个原因是作为中国总裁，他要面对来自亚洲区或总部的各项要求，他要知道如何利用所有外部的资源为中国业务服务，有时知道答案也需要与中国以外的关键人物交流沟通以获得他们的接受和支持，这就是大公司内部协调的能力。而对区域经理来说，面临的问题要简单得多。

那么，如何增强有潜力的区域经理上述能力呢？我们建议让他领导亚洲或全球范围的项目，他没有绝对的权威，凡事要和各个国家的团队成员商量，或还要与他们的老板沟通，在这个过程中他的影响技能得到充分锻炼，也积累了处理内部"官僚"的经验。

◎ 有些边界不能碰

文 / 商振 企业咨询顾问及培训师，《职业精神》作者

折腾是一种手段，但绝不是目的；折腾是一种考验，但并非整人；折腾是为了留住骨干，而不是驱赶良才。所以，切记有些边界是不能碰的，否则将事与愿违。

自从联想集团的创始人柳传志说了一句："折腾是检验人才的唯一标准。""骨干是折腾出来的"就在企业领导人中间流行开来。于是，职场好不热闹。企业领导对下属开始试用种种招数：轮岗、上调下派、巅峰时打入冷宫、冷遇后突然擢升，美其名曰在折腾中寻找和培养人才。职场中人，闪转腾挪，一年一个新岗位，练就十八般武艺。

如今的职场成为了一个开放的场所，老板在折腾员工时，员工也在考察老板，掌握不了火候的老板，如果不能让被折腾的员工体会到老板的良苦用心，那么可能一不小心就把折腾变成驱赶，给竞争者创造了挖人的机会。折腾的艺术要恰到好处，过犹不及。在关键时刻，折腾需要能屈能伸，收放自如，方能达成实效。而为了让"折腾"更有效果和意义，请一定记住：有些折腾不能碰。

折腾不是没事找事

曾经有一家企业的经理和我说起过这样一件事情。公司领导规定中层干

部每月必须完成现场抽查的任务,这本是正常的管理,但不正常的是,领导要求中层干部每次抽查必须发现问题,发现问题必须实行经济考核。如果没有发现问题,说明干部工作不认真。用该领导的话说:"有大问题抓大问题,没大问题抓小问题,没小问题找问题,找不到问题说明你有问题!"

按这位领导想法:管理工作的本质就是解决问题,而解决问题的基础是发现问题。他试图通过此举提高中层干部发现问题、界定问题和解决问题的能力,并从中发现管理水平高的中层干部重点培养。可中层干部并不这样认为,在他们看来,这样做不利于自己改善同员工的关系,在员工眼中自己是他们的对立面,所以中层干部的思想压力都很大。

可以看得出,该领导认为自己是做着有意义的事情,但是别人却认为他是乱折腾,让人没有安全感。这样的折腾,其实就是没事找事。这样的折腾如同坊间流传的"给长城镶瓷砖,给长江装栏杆,给太平洋盖上盖,给地球镶金边"。只是看起来很美,实际上却毫无意义。折腾的目标是让下属在烈火中永生而不是焚烧,否则那不叫折腾叫折磨。

折腾不是凌波微步

柳传志除了那句"折腾是检验人才的唯一标准",还给出了一个折腾人的标准模式:岗位轮换。据说杨元庆就是这么一年一个岗位地锻炼而最终被培养成全才的。于是,很多企业领导都开始学这一招,开始给自己欣赏的下属进行岗位轮换,但他们往往忽略了柳传志做此事的一个基点:一年一个岗位。

我有一个朋友,一年的时间里,换了三个工作岗位:营销经理、品牌经理,而现在他是培训经理。这位朋友和我抱怨:以前是没有固定的上班时间,后来是两班倒,现在又变成朝九晚六的正常作息。

每次自己的生物钟还没有调整过来,就又换了新的岗位。因此,在每一个岗位，他都是新人，都只能"以小卖小"，他甚至觉得自己有当阿Q的无限潜力。身体的不适应、环境的不适应还都没有什么，最可怜的是他觉得自己这一年以来没有做成任何事情，一点成长都没有。别说开展工作，就连熟悉工作都谈不上。刚刚和经销商套好交情，却又马上变换身份转同媒体打交道；刚认识了几个媒体朋友，却又要每天为课程计划而忙碌。一圈下来，名片收了一大摞，却没有几个真正交上心的；名词记了一大堆，却从来没有实践过。

更令他担心的是，由于不断地适应环境、熟悉工作，自己一年来没有做出过任何有成绩的事情，连原来口口声声要培养他的领导都已经开始怀疑他的能力了。

在金庸的小说《天龙八部》中，凌波微步是逍遥派的独门轻功步法。据说是金庸先生从曹子建的《洛神赋》中的"体迅飞凫，飘忽若神，凌波微步，罗袜生尘。动无常则，若危若安。进止难期，若往若还"得到的灵感。对比我朋友的遭遇，"动无常则""进止难期"，真有些凌波微步的意思，但显然这样的武功不会让朋友独步武林。岗位调整的出发点是好，可以接触不同的岗位，可以了解企业运营全貌，但浅尝辄止是不能让人填饱肚子的。以我的朋友为例，虽然走了一大圈，基本是走过、路过、看过，除此之外了无其他，显然与最初为培养而调整岗位的初衷相去甚远。

折腾不是棒下出孝子

很多企业领导人把心仪的接班人当成"儿子"一样呵护，当然更希望他成才。"望子成龙"的父母，经常会受传统观念影响，信奉"棒下出孝子"。

因此，越是看重的人，越骂得凶，所谓爱之深责之切嘛。因此，很多领导往往对器重的下属重点盯防，发现一点小问题就劈头盖脸一顿教育，美其名曰磨难教育。

常有朋友向我抱怨他的"野蛮上司","同样的错误,他不批评别人,只批评我。如果都挨批评,我一定是被骂得最惨的一个。什么事情都来找我做,简单交代过工作就没影子了,过两天找我要结果,如果给不出,自然少不了被骂办事不力。最让我难以接受的是,他还经常在会议上直接指责我,一点情面都不给我留。就这样,还总是口口声声说我辜负了他的一片期望。我不知道他对我有什么期望,我只觉得他恨不得我立刻消失。"

可以看出,这位朋友的上司是典型的"怒其不争",要不然就不会因下属的辜负而大动肝火了。

领导"望子成龙"的愿望是好的,但不能只批评不教育,不能只拍打不扶持。因为这样,只会让下属觉得自己一无是处,只会让下属产生抵触情绪,他不会感受到领导的爱,只会感觉到恨。因此不能批评多、帮助少,更不能在下属没有错的情况下也要说成下属错了,那可真是"领导打个盆,块块都是理"。

职场
生 死 线

授权：

你不"浴火"，叫他怎么"重生"？

越来越多的"甩手掌柜"们潇洒的身影，昭示着一个新的时代已悄然降临。他们用自己的脚步印证了一个铁律：所谓企业家缺位将造成"万古如长夜"只是一种假象，甚至，事实正与此相反：圣人不死，大盗不止。现代企业已逐步走向"共和"，进入一个辉煌的"后老板时代"。

◎ 走向共和的"后老板时代"

文/罗建法《商界评论》记者

> 个性的张扬，个人价值的实现，已经成为现代商业社会的普遍潮流。只有企业治权的共和，才能造就广泛的自我实现。

老板从来就是掌柜。

但是，一样的老板，命运却迥然不同。当王均瑶累死在工作岗位上时，年轻的企业家罗红却纵马云游，面朝大海，春暖花开。

当很多企业家还沉醉在唯我独尊的遐想中时，施振荣却早已撒手，进行了自我放逐，泛宏碁系则开始天下三分，王中生王。

当很多企业都停留在对创业英雄的狂热崇拜时，黄鸣却经常不见人影。更有些企业在老板身陷牢狱之灾时，依然谈笑凯歌——

在这个时代里，已经涌现出越来越多的"甩手掌柜"，他们潇洒的身影，似乎印证了一位先贤的古训：无为，则无不为。

"后老板时代"已经悄然降临。

从英雄时代到群氓时代

天不生此人，万古如长夜？

一个企业兴起之后，企业家往往被看作"五百年而兴"的王者。不仅是他自己相信有天命在身，企业内部员工，也会将其视作传奇英雄，进而产生精

授权：你不"浴火"，叫他怎么"重生"？

神上的依赖和权威上的习惯性服从。"太阳"既出，则驱星扫月，独布德泽于江海，形成狂热的英雄崇拜。

如果一家企业失去了自己的创业英雄，又该如何？

2004年冬，创维老板黄宏生因涉嫌造假账被香港廉政公署拘捕，创维就此失去了"老板"。

哲人其萎，其无后乎？

当时人们普遍认为失去黄宏生的创维将走向衰落。但是，人们猜到了开头，却没有猜到结局。2004年至2006年，创维的业绩直线上升，在黄宏生缺位的时期，创维不但没有陷进泥沼，反而高歌猛进。是什么神奇的力量，创造了没有老板的奇迹？

也许，从局中人的黄宏生身上，才能够找到最接近的真相。2006年秋，身在香港赤柱监狱的黄宏生给创维的员工写了一封信，信中有一段文字是这样的："亲爱的同事们，创维如今进入了一个'后老板'时代，一个由现代企业家团队引领的巨型组织前进的时代。这是我一直以来所期盼的，在全球企业发展的长河中，很多世界级的公司已成功地代代相传，给予了我们光明的前景。"当黄宏生不得不甩手的时候，创维"看守内阁"和职业经理人群体，赫然已成擎天之柱。

再来看看那些永不放弃的企业家。对于创业英雄的依赖和英雄的局限成为企业的局限，过往的权威成为巨大的惯性，使企业领袖的缺陷乃至失误无法得到纠正，导致很多企业兴亡悠忽。巨人之兴，史玉柱的远见与才干居功至伟，而当史玉柱陷入疯狂的时候，也没有人可以影响和制约他，只能看着巨人倒塌，令人扼腕叹息。

商业社会已经用血的代价，证明了一条铁律：一个强大的团队，远比独立巅峰的创业英雄更为强大和重要。所谓的企业家缺位将造成"万古如长夜"只是一种假象，甚至，事实正与此相反：圣人不死，大盗不止。

从利益共享到制度共和

《走向共和》曾经在国内风靡一时，表现出了传统社会对于现代文明的深刻回应。在企业领域，走向共和也逐步成为一种潮流。

商业社会数百年的发展，使企业的财富越来越社会化，同时，一些富有远见的企业，已致力于实现企业内部利益共享。2007年的世界打工皇帝伊拉尼，其年薪达4亿美元之巨，足以抵得上一个中型企业。张近东号称要造1000个千万富翁，2007年5月股市高峰期，苏宁的一位女性股东即套现6亿余元巨资；一向以分权著称的TCL，更是造就了众多富翁，连恍如过客的吴士宏，也挥一挥手，带走一张上亿元的支票。

利益的分享更像是所有权的"共和"，影响更为深远的企业革命，还在于作为企业经营权的逐步分散，出现了治权的共和。

这种现象的出现，显示了社会通行规则在企业领域的普世力量。在更广泛的社会领域，集权主义的衰落与多元主义的勃兴，已成为趋势，正如著名社会学家托夫勒在其《权力的转移》一书中所说，未来权力不仅将从暴力到资本，从资本到知识横向转移，更将从金字塔顶端向底端纵向转移。

同时，互联网勃兴的时代，人性解放风潮日高，追求个人实现已经成为现代商业社会的普遍潮流。在阿里巴巴，员工的"艺术照"招摇在办公桌、走廊，甚至是会议室，公然抢夺了"红头文件"的空间；在户外活动中，商界传媒的员工组织了诸如"战狼队""猎豹队""红军队"等非正式团体，稀释了企业的中心作用，员工个人实现的舞台已远远超越企业的疆域；MSN的私密空间，使企业对员工的控制日益削弱，以控制为主导的管理模式已步入黄昏——一叶落而知天下秋。

授权：你不"浴火"，叫他怎么"重生"？

甩手掌柜的出现，正是这样一个伟大商业时代变革的缩影。企业治权的共和，正是人性解放与自我实现意识日益勃兴的时代背景下，商业组织做出的积极回应。商业对于社会领域的普世价值趋于大同，汩汩细流，归于滔滔江海。

穿越"帝国时代"

人类曾经历了一个漫长的帝国时代，江河横溢，英雄与独夫共沉浮。

企业治理权的共和，本质就是人生舞台的共享，以及企业人员普遍的自我实现。很多企业之所以做不大，追根溯源，就在于无法穿越帝国时代，也无法改良独夫的基因。

将企业看作王国的思想，在中外企业家中普遍存在。既是帝王，则神器不可轻易示人，老板绝不轻易出让企业的治权，去当"甩手掌柜"。相反，"普天之下，莫非王土"，所有人服从自己的意志才有帝王般的权力快感。

人性中对于权力的贪欲，使很多企业家无法与内部强人共享人生舞台，更遑论"甩手"了。相反，一有人功高才大，即刻紧张起来，必欲除之而后快，最后演变成无数"功高震主"的荒谬悲剧。所以，我们可以看到一个很奇怪的现象：企业最强大的对手，总是在企业内部沉睡。伊利最大的对手，赫然就是曾经被郑俊怀逼走的牛根生。

事实上，现代商业组织，早已超越了帝国时代的国家组织。企业产权的法律保护，使企业中不存在被"篡权"的可能，甩手并无失控之忧，更为深刻的变化是，企业跟王国不同，处于完全开放的竞争体系中，能否为企业带来价值，永远是衡量一个人的最终标准。只会井中称王，往往是尔曹身已灭，江河万古流。

穿越帝国时代，走出控制重于发展的固有模式，才能在企业内部满足普遍的自我实现,从而走向企业治权的共和。

当年施振荣的放手,导致宏碁天下三分,王不见王,但是,却形成了小碁丛生、龙行天下的恢宏气象;李东生虽然在《鹰的重生》中隐晦地反省诸侯文化,不过,TCL早期的兴盛正是得益于其类似诸侯分立的有效放权;王石则将担子甩给郁亮,从此遨游于天地。

曾经历过牢狱之灾的孙大午,更是将企业共和变成一种刚性的企业制度。2004年,孙大午开始推行企业的"君主立宪",将所有权、经营权、监督权进行分离,从制度上将企业家的甩手进程推进了一大步。

在某种意义上说,这些伟大的企业家也只是先行者。

但是,星星之火,可以燎原。

商业社会的进化,将使企业家群体穿越帝国时代,走向企业共和。突破创业英雄与独夫混合的双重角色,成为"甩手掌柜",是企业家在新的商业时代中的明智选择。"后老板时代"正如躁动的朝阳,在海天之间喷薄欲出。

授权：你不"浴火"，叫他怎么"重生"？

◎ 老板为什么欲罢不能

文 / 李富永　企业管理专家

> 害怕被人背叛、期望过高、理念的冲突、以人划界等现实情况，使很多老板忧心忡忡，不敢轻易放手。

放权已经成为很多老板的共识，但是，为什么老板却欲甩还收呢？

这其中有非常复杂的原因，现实的无奈，文化中的集权思想，职业经理人制度的跟不上，都成为制约老板甩手的因素。

一朝被蛇咬，十年怕井绳

王羡丽是嘉华达化工清洗公司的老板，虽说已经是年届七十的古稀老人了，但她不能享受儿孙绕膝的天伦之乐，仍然不得不同时兼任着总经理的职务，还得在外面不停地忙碌奔波。她并不是没有自己的孩子，她有三个儿子：一个儿子多年前移民加拿大；另一个从小就与世无争，对经营企业和她的事业都没有任何兴趣；她最疼爱的小儿子虽然表示出了想接替她的意思，但却没有接替她事业的能力。

为了解决"接班"问题，两年前，她精挑细选，找了一位跟了她多年，她自认为对企业忠心耿耿，又有相当专业能力和管理能力的年轻经理人出任总经理，可是短短半年多时间，她就彻底失望了——小伙子开始用自己能想到的一切手段为个人敛财，在员工中造成了非常不好的影响。

193

让家族企业老板头疼的是，一旦解雇聘请来的经理人，对方临走的时候，通常会带走一大批业务骨干，在企业里造成巨大的地震，形成人事真空。在国内电信业举足轻重的华为，高管李一男出走时，从华为一下子就拉走了100多名技术与销售精英，另行创立港湾。由此形成了连锁反应，人们纷纷效仿，其后从华为出来创业的尖子多达3000多人。曾经在家电行业纵横捭阖的陆强华，早年被创维解聘后，带走150多名营销精英。

对聘请职业经理人，许多家族企业产生了恐惧心理。浙江宁波雅戈尔董事长李如成曾明确表示说，雅戈尔不再考虑聘请职业经理人了。曾经历过"中国职业经理人第一案"的喷施宝老板王祥林则利用各种场合，向国家有关部门呼吁"建立职业经理人档案管理制度"。

和李如成一个想法的老板不是少数。重庆力帆的尹明善也是这个想法："最直接的原因就是中国的法制还不健全，企业的商业机密和产权保护还需要改善。""让一个外人掌握企业的核心技术机密，很危险。他完全可以随时拿走，造成企业不稳定。企业只有靠家族才能稳定，因为家人背叛的可能性很小。"

道不同，则不与为谋

当然，这些老板们的惧怕心理，并不足以得出这样的结论：所有经理人挂冠而去，都是营私舞弊所致。事实上，大量的"离婚"憾事，实在是双方在价值观和追求目标等方面分歧的结果，营私舞弊的经理人，毕竟还是少数。

可另一方面，"离婚"率高的现象，确实是存在的。近年来经理人出走风潮日高，自早几年王志东离开新浪之后，在过去的几年里，中国职业经理人的任用去留问题，上演了一幕幕的悲喜剧：吴士宏离开TCL；李汉生离职北大方正；陆强华先后脱离创维集团和高路华，最终选择自己创业；姚吉庆辞去华帝集团总经理职务；黄骁俭空降金蝶不到两年，又重返原来的SAP；万明

授权：你不"浴火"，叫他怎么"重生"？

坚在所谓的"功高震主"的传闻中黯然离开 TCL……

于是，有人得出结论：中国还没有形成一支职业经理人队伍。果真是这样吗？

其实，中国的职业经理人历史由来已久，源远流长。周朝的"周公辅政"可能就是较早的政治职业经理人的作为。张仪、苏秦可能就是战国时期的外交职业经理人。三国时的诸葛亮则是职业经理人中的楷模。

无论从政或者经商，庞大的职业经理人队伍中，从来就是与悲欢离合、荣辱浮沉交织在一起的。既有高官厚禄、光宗耀祖、充分施展抱负的幸运儿，同时，也有许多人亲自品尝了"伴君如伴虎"、如履薄冰的滋味，甚至遭遇身败名裂下场的也不在少数。

所以，如今的老板与经理人的恩怨故事，并不是空穴来风，而是有历史渊源的，今天的故事，其实是历史的延续而已。因此，不能得出中国缺乏职业经理人的结论。

相反，在中国的职业经理人市场，老板与经理和睦相处、配合默契的"好搭档""好夫妻"，也比比皆是。

期望越高，失望越大

大多数老板聘请职业经理人时，往往对其寄托了太高的希望，以为都是企业高手，都有妙手回春的本领，便把创造企业神话的希望寄托在他们身上；而此时职业经理人，如果是头脑清醒，倒也能恰当处理，但有些职业经理人也忘乎所以，往往会做出一些不切实际的承诺。结果，企业的神话不是那么容易创造，双方不得不在相互埋怨甚至指责声中分道扬镳。

用友前总裁何经华说："职业经理人往往被要求创造很高的当期业绩，以至于总裁实质上成了销售总裁。这个定位导致职业经理人短视，制订出一些急功近利的计划。"

从老板这方面看，通常很少有人完全放权让经理人发挥，大多数是将经理人当成自己意志的执行者。面对强势的创业型老板，职业经理人扮演的角色空间极其有限。格兰仕总裁余尧昌自我定义为"打工的"。一位民营汽车企业的高管私下里说："自己就是所谓的职业经理人，其实就是前台接待，打理门面而已。"

以广泛使用职业经理人而出名的万科，曾经出现3位高管接连离职的现象。其中有曾任总经理的林少洲。林少洲在被王石调动工作岗位前两天，正在信心百倍地设计开拓北京市场。突然一纸调令就下来了，事先没有任何商量或者通知，令林少洲措手不及，使他感到自己"如同一块砖，公司随时可以搬"。

此外，还有待遇问题。有的经理人反映老板没有兑现事先许诺的高薪或股票期权，经理人不好明说，只好心中暗自生怨。而以往的恩怨纠葛中，也确实有这样的现象。

非我族类，其心必异

在众多的老板与经理人的恩怨故事中，陆强华先后与黄宏生和黄仕灵的故事，多少折射出了普遍的矛盾。

据说陆强华是一个让所有老板都"害怕"的职业经理人。陆强华第一次被废黜，是因为营销观念与创维老板黄宏生发生了冲突。黄宏生打定主意"不换思路就换人"，陆强华被免职；第二次被摘乌纱，老板方面的说法是陆强华搞自己的"独立王国"，老板眼看就要被架空。

黄仕灵说，陆强华特别用心地在财务上编织了一个由亲信构成的"关系网"，这个关系网被黄仕灵喻为"针插不入，水泼不进"的"独立王国"，连老

授权：你不"浴火"，叫他怎么"重生"？

板委派的财务监督人员都被拒之门外。黄仕灵认为，这就是其财务出现几亿元成本黑洞的根源。而陆强华认为自己应该有"合适的权限，相应的法律地位"。老板应该"用人不疑"，自己在快速的市场运作中必须有决断权。

在分配机制问题上，陆强华原本是想获得股权的，所有月收入仅仅在5000~8000元之间。但最终陆强华称自己"在新高路华没有一分钱的股份"，据说在新高路华与母公司东菱集团的租赁协议中明确规定：承租方及核心管理层在达到目标经营业绩包括上市后，可以获得10%股权。陆强华认为通过一年多的经营，在高路华的废墟上创造出优秀业绩，使新高路华重现升势，基于这份业绩的获取，自己应该拿到相应的股权回报，但最终还是没有拿到。

而且在陆强华提出分配制遭到拒绝之后，东菱集团反倒以"陆有财务问题"为名，将陆强华炒掉。

从企业所有者的角度看，尤其是许多成功的民营企业，都是经历了千辛万苦创立起来的。身边既有风雨同舟的"铁哥们"，又有鞍前马后、忠心耿耿的老部下。事业成功之后，岂容他人到这里发号施令，摘取事业成功的桃子。即使创业者精力不济的时候，也会把企业传位给自己的儿子和近亲。鲁冠球之子鲁伟鼎成为万向集团的总裁；周耀庭之子周海红担任红豆集团董事局第一副主席；吴仁宝之子吴协东出任华西集团的总经理；徐文荣之子徐永安担当了横店集团的董事长；格兰仕集团董事长梁庆德之子梁昭贤任CEO；茅理翔之子茅忠群成为方太厨具的总裁……

历史上，就连刘备这样的明白人，还要传位于扶不起来的阿斗，何况当代艰难创业的老板和他们受过良好教育的后人呢。

过早甩手容易丢失核心资源

当一个企业在短期内变得很大的时候，就可能面临着分解的危险，原因在于一个企业实际上究竟能够变得多大，主要不取决于他们获得多少物质资产、多少资本，而取决于他们获得多少忠实的、愿意为企业家保驾护航的员工。而员工的忠实程度，一定需要一个漫长的过程进行培养。一个员工只有在"背叛"不如"不背叛"的时候，才不会"背叛"。也就是说，企业家必须使那些留在现有企业里的员工获得更大的利益。

一般来说，处于高位的年轻经理比年老经理更有叛变雇主的积极性。

这是因为，一个年轻人进入企业后掌握了核心技术，如果自己出来创业，未来的时间很长，未来的收益也许很大。

但对于一个年长的员工来说，从原企业里跑出来自己创业，也许只有几年的时间，他可能觉得这样干不值得。并且，一个人的部下越多，"背叛"的积极性也越大。所以，在一个企业里，让员工保持一个平稳的增长速度是非常重要的。一个企业成熟的标志之一就是这个企业能不能把重要的管理岗位，主要由内部提拔来补充。

还有一点需要强调的是，企业家不要过早地当甩手掌柜。一个稳步成熟起来的企业，通常有着有效的内部控制系统，关键资源分布于多个岗位，没有任何单个人能控制所有关键资源，因而不大可能因为所有者离开控制岗位就被单个经理人占为己有。但新创业的企业不同，关键资源通常要掌握在一个人手中，如果企业家要当甩手掌柜，就必须把关键资源委托给另一个人。风险在于，如果这个人可以干得像老板一样好，老板就是多余的。

授权：你不"浴火"，叫他怎么"重生"？

◎ 黄鸣甩手与皇明大治

文／周攀峰《商界评论》记者

心细如发的老板能做甩手掌柜吗？很难，事无巨细都想管。思想深刻的老板能做甩手掌柜吗？很难，独断专行不放权。年富力强的老板能做甩手掌柜吗？很难，精力充沛插手干。黄鸣就是这么一个人，他却很"时髦"地甩手了，而且甩得很漂亮很彻底，虽然过程很艰难，但却赢得了踢足球的时间。

有多年没见黄鸣了，再次见到他的时候，他眼角的一团瘀青让记者大吃一惊。他笑呵呵地说这是前两天踢球时给对方球员撞的，然后一个劲给记者侃球经——这还是几年前那个日理万机的皇明集团董事长黄鸣吗？

从焦头烂额到闲散从容，黄鸣经历了一个艰难的甩手过程。

宁可得罪一千，不可淹没一个

1995年，黄鸣，地矿部的一位工程师，凭着为子孙后代多留点石油、天然气的信念，创立了皇明集团，主营制造太阳能热水器。此后的5年，皇明集团销售收入迅速突破5亿元。然而，从2001年到2004年，皇明进入了痛苦的徘徊期，有的年份甚至原地踏步。

这期间，黄鸣一直在思考如何改变公司现状。先后引进了几十个职业经理人，其中就有皇明集团现任总裁范建厚。绩效考核等改革方案早就开始实行，但效果很差。"干部照本宣科，说和做两张皮，执行不下去。"这种情况让黄鸣苦恼不已。

就在皇明原地踏步的几年中，太阳能热水器生产厂家已经由过去的3000多家膨胀到8000多家。

前10名的企业所占市场份额不到17%，一时之间造就了"春秋无霸"的局面。更要命的是，在低谷时期，皇明内部关于产品策略出现了严重分歧。

以原销售副总为首的"保守派"认为：应该采取家电厂商惯常做法，大规模降价，通过残酷的价格战收复失地。受该副总影响，持此种观点的有近千人，还不包括一些销售代理，而整个皇明集团员工才4000多人。

而以时任集团行政副总的范建厚为首的"改革派"则坚持：高价值、高价格、高技术含量是皇明的核心竞争力，否则会影响到产品的质量和企业的社会责任，最终无法对消费者负责。坚持不能以牺牲产品质量来达到市场目的。

黄鸣是"改革派"，但是对于这场路线之争，相当一段时间内他都没有拍板，往往是"打左灯向右转"。这也与黄鸣本人和该销售副总的关系有关：该销售副总从1999年进入皇明，业绩上有过不错的表现，工作作风扎实，而且在销售网点的开发、建设与维护方面，在销售代表的培训等方面做了许多扎实有效的基础性工作。黄鸣本人与其感情上也一直交好，黄鸣也曾想让该副总调离岗位，保持待遇不变，但却怕落个"卸磨杀驴"的骂名。而且两个人在路线上的水火不容，结果很可能是销售副总带走人马，甚至到竞争对手企业里，这让黄鸣也心怀顾虑。

由于高层意见不统一，基层员工心思不稳，企业执行力差，更使皇明太阳能在市场上的表现越来越差。

这时候，那个叫韦尔奇的美国老头儿出现在黄鸣的眼里。"有三种人不能

授权：你不"浴火"，叫他怎么"重生"？

用，"老头儿说，"有能力有业绩有影响力，但是对企业不认同的人对企业伤害最大，坚决不能用。"

一语点醒梦中人。黄鸣的立场坚定起来，对不认同企业发展方向的员工不再留任何情面。"不换思想就换人。这次我要斩你了。"更重要的是，他大胆赋予范建厚更大权力，任命他为集团常务副总，全力推行现代企业制度改革。

我把权力交给你

有了老板的明确支持,范建厚的改革力度逐渐加大。先是几位副总相继离开——或是被竞争对手高薪挖走,或是由于"不同政见"愤而离职。一些职位较低的观望者在看到改变老板想法的希望不存在后也离开了。这些干部的数量将近300人,"高层基本都清掉了"。紧接着,绩效考核得到强有力的推行,又有七八百人被淘汰。同时,以前夫妻同在皇明的有200多对,闲话和小道消息传播极快,新的政策规定凡属中层干部的夫妻,两人中必走一人,又有70多人走了。

"震荡太厉害了,一下子走了1000多人。做一个选择之前我首先想我得到了什么,而不是失去了什么。"黄鸣说,从几百人到上千人,那次动荡波及范围之广他在决定之前已经想到了,所以并不惊慌。这次意料之中的动荡让他得到了一支"正规军",3000人比4000人更富有战斗力。

这次动荡,黄鸣回忆起来直摇头:"那几年很荒唐。老板摇摆不定,员工就无所适从。"而那些年中,黄鸣力图缓和矛盾,但并不见成效。他的工作状态由此变得很糟糕,"忙得一塌糊涂,不能够专注"。

黄鸣开始意识到自己精力顾不过来了,老板的身份也让他坚持的制度管理时不时让位于人情管理,他开始筹谋所有权和经营权的分离。

经此动荡,黄鸣对范建厚的表现很满意,他的评价是:这个时代,已经很难找到一个坚持原则的人了,范总算一个。

范建厚来自台湾顶益食品集团,1996年加盟皇明,从真空管厂厂长开始,一步一个脚印,直至升任常务副总裁。与四海飘零的职业经理人不同,他把家都搬到了德州,以示以厂为家的决心。

在经历了2004年的大变故之后,生产、行政出身,没有做过销售的范建厚,居然在2005年使集团迅速恢复元气,创出销售额比2004年增长80%,

利润暴增 9.5 倍的佳绩。其才干与天赋令黄鸣大为赏识。

如果说，常务副总这个职位是总裁的预备期，那么范建厚顺利过关。2005 年年底，黄鸣正式辞去集团总裁职务，只担任董事长，任命范建厚为集团总裁。

皇明从此翻开了新的一页。

让贤的制度约束

从忙碌的工作状态中骤然叫停，闲下来，是很要命的。《乔家大院》的乔致庸被慈禧太后圈禁在山西，不得经商，一天到晚都不知道干什么，憋得慌。

黄鸣也是这么一个人。他很难受，死命去控制自己不去随便插手。不过老有员工把话传到他的耳朵里，说管理层怎么怎么了。他用阿Q的方式排遣：不可能每件事都遂自己的意，只要大方向没问题就不要去干涉。

他给担任集团监事的夫人立了个规矩，回家不得议论管理层的事，他也给全体员工做了个规定，事无大小直接找管理层归口部门，不要找老板，违者轰出去。

至于约束，黄鸣倒不担心，这得益于他于 1996 年在公司推行的"奖励股金准备金制度"。这也是他管理上的最得意之笔。

这项制度大致描述如下：

根据绩效考核，员工每年年终奖金采取一半现金、一半股金准备金的方式。这部分股金准备金可以累计，每半年付一次利息，每 5 年可以提一次现，期间不能提现。

企业一旦上市，股金准备金可以兑换为企业原始股，以此为基数，公司再赠予相同数额的原始股份，自己还有权认购相同数量的原始股。

比如，一位员工累计持有 100 万元股金准备金，则企业进入上市程序后，他要获得价值 300 万元的原始股份，只需要支付 100 万元的现金。而这笔原始股份在上市后，价值将以千万元计。

这项计划非常有诱惑力。不久，皇明将诞生若干个百万富翁、千万富翁。

而此中的关键是，此计划的基础就是与业绩挂钩的年终奖金，皇明人铆足了劲争创佳绩。同时员工手中的原始股基数也在加大。正如黄鸣所说的："我从没赶着管理层跑，但他们的成绩老是超过我的预期。"

2006 年管理团队交出的答卷依然赏心悦目：销售额同比增长 50%，利润增长 1 倍多。

企业家，还是街头足球狂

甩手甩到什么程度？两年来，黄鸣一个专卖店不进，一个经销商不见，怕见了忍不住要说，影响管理团队的正常工作思路。即使是集团年度最重要的会议——皇明经销商大会，他也只是上台做个主题报告，念完闪人。

自从做了甩手掌柜，这两年黄鸣的时间大致划分为以下几大块：

20% 的时间，参与制定战略决策，由管理团队将年度战略计划整合完毕，黄鸣仔细阅读后，基本上只签四个字"同意——黄鸣"。仅有的一次异议也很喜剧："你们步子不要走得太快，不要把销售目标定得过高，注意稳步前进嘛。"更多的时候，黄鸣在思考皇明未来数年的大方向问题，比如由单一产品供应商转变为系统集成供应商等理念，就是由他提出，并由管理团队付诸实施的。

30% 的时间，做文化的传播者与布道者。研究《论语》与现代企业管理的融通之道；出席国际国内重要论坛，阐释他的管理思想，宣讲可再生能源事业的宏伟前景；做全国高校巡回演讲，用切身经验教导后辈；对内，应管理团队的邀请，他会一个时期选择一个主题，作为集团全体员工该阶段的学习主旨。

授权：你不"浴火"，叫他怎么"重生"？

黄鸣俨然就是皇明集团的形象代言人，但用他的话说应是中国可再生能源的布道者。他还专门组织了一个小编辑部，负责及时搜集整理延展他的思想，他在新浪开的管理博客，每篇博文，都是由他阐述主张，由助手编录，经他最终审订而成，跻身博客名人之列。诸如《什么样的人企业坚决不能用》等数篇文章在中国管理界引起巨大反响。对此黄鸣乐此不疲。

40%的时间，实践个人梦想。黄鸣给自己设立了一个董事长基金，这个基金独立于企业正常运转之外，每年从他的个人收益中划拨，主要从事更广泛的可再生能源利用研究，如海水淡化等。他在德州建设了一个太阳谷，这里有节能率达到100%的"零能耗别墅"，有世界最长的太阳能光电大道，有规划之中的可再生能源大学和太阳能未来世界。

这些研究工作都不是为企业近期利益服务的。技术出身的黄鸣在甩手之后终于找到了宣泄自己灵感的方向。也许某一天，他的灵感闪现会成就另一番伟大的事业。

除此之外的时间，属于自己和家人。每周有一到两场足球赛，他从不和自己的员工踢球，员工放不开，容易让他球，踢着没意思。他喜欢和下海之前的老同事、素不相识的街球小子踢，往往被撞得鼻青脸肿也当仁不让，球场上谁也不知道一起踢球的还有位亿万富翁。

◎ 汪力成的退休梦

文 / 王文正 《浙商》杂志主笔，《商界评论》特约撰稿人

> 50岁退休只是一个设想，还没有变为现实，但是，此中的勇气和智慧，决心与追求，使理想与现实更近一步。

"在以前的20多年里，我一直很疯狂，像个机器人。"汪力成用"疯狂"和"机器人"来形容自己前20年的工作状态。

"作为创业人，工作就是生活也是很正常的，所以突然想停下来还真的不容易。"汪力成说，以前一直觉得企业缺不了他，但随着年龄的增长，体力也开始不支持他所有事都亲力亲为。"企业发展到一定程度，管太多对企业并没有好处，就像孩子一样，你不放手，他永远都离不了你。所以我目前正逐渐退居二线，把更多的时间留给自己支配。"

就是因为有了这样的想法，汪力成的生活开始有了很大的改变。

以前从来不锻炼身体的汪力成，现在每天下班后去游泳已经成了一种习惯；以前觉得时间实在不够用，就尽量利用周末的时间出差，但现在如果不是必须，他就选择在杭州过周末：睡睡懒觉，陪太太逛逛街，到西湖边喝喝茶。

"企业已经慢慢建立起一些现代化的管理体系，大家分工比较明晰。现在仍忙，但一半时间花在社会应酬。"从汪力成轻松的话语中，能感觉得到他对目前的生活状态很满意。"现在我还是要每天上班。最希望以后可以不用每天

都上班,我的目标是50岁的时候能够退休,有选择地去做自己想做的事情。"

梦想

汪力成的童年是在农村度过的。他常常蹲在地上观察昆虫和小动物,幻想长大以后当一个动物学家。虽然后来的时代潮流把他推上了商业的风口浪尖,但亲近自然的梦想始终未曾泯灭。

对知识的追求,对自然、社会的大爱,对人类苦难不可抑制的怜悯,这三种纯粹而强烈的感情,支配着汪力成的一生。高中毕业的他,一直梦想着读一个社会学博士,以研究自然、社会与人的关系。

50岁退休,源于这两个梦想,源于汪力成对生命的领悟:生命应当丰富多彩,任何一种单一的角色,即使再辉煌,也不足以用一生来换取。更何况,企业家这个角色,年龄越大可能越当不好。

"我的生活是不能并联的,只能是串联。"汪力成用一个物理术语来概括自己的一生。对汪力成来说,工作和生活是不能并行的。他把他的一生切成两半:前半生几乎全部贡献给了工作,不折不扣地献给了华立集团;而下半辈子,他要完完全全用来做自己想做的事:创办动物保护基金会,研究社会与人,投身公益事业,享受大自然的恩惠……

但是,如果认为汪力成要在50岁退休,仅仅为的是实现自己儿时的梦想,那就大错特错了。

从不到40岁开始,"50岁退休"这句话就挂在了汪的嘴边,而且不断地向媒体重复着这句话。其原因在于,汪力成担心,自己一旦过了年富力强的巅峰时期,思维、学习和决策能力会大大下降,最终害了华立这个自己一手拉扯大的"孩子"。"一个企业家最大的悲剧就在于他亲手带大了一个企业,又亲手毁掉了这个企业……所以我必须逐步淡出。要证明我是一个成功的企业家还是一个失败的企业家,不是现在,而是当我离开以后,这个企业照样能够健康稳定地发展。我认为,这才是证明我成功的时候。"

在中国,许多企业家往往被视为英雄,因为英雄造就了企业,但同时又随着这个英雄的衰退而导致企业的衰亡。汪力成认为"这就是中国企业的人治",他很清楚,只要是人治,再能干的人也成就不了百年华立。

改制

"如果5到10年后大家都要去做这件事,那么我为什么现在不做呢?要想游泳,就要先下水。"

对于汪力成来说,甩手华立集团是迟早的事——他曾给自己定的"规矩"是,50岁退休。他现在要做的就是"先下水"。

2006年8月,汪力成辞去了华立科技股份有限公司董事长的职务。至此,华立集团董事局成员不再兼任下属各上市公司的董事,以便公司严格按照"五分开"原则,保持上市公司独立性。

华立集团旗下有包括华立科技、华立药业、华立控股、昆明制药在内的四家A股上市公司。这些公司的控股股东为华立产业集团有限公司,实际控制人为华立集团股份有限公司,终极控制人为汪力成。

为了建立一套行之有效的现代企业制度,汪力成逐一从各上市公司退出董事长一职。各上市公司实行专职董事长及总裁制,并严格界定董事长与总裁的权限:董事长重点抓公司的发展战略、企业文化和制度建设,总裁负责执行董事会的各项决策和保证年度经营目标的实现。

事实上,为了建立一套完善的企业制度,汪力成在华立已经奋斗了十几个春秋。

"不清产权,华立难有大发展。"从1994年到2001年,华立"偷偷摸摸

授权： 你不"浴火"，叫他怎么"重生"？

地"开始了长达八年、分三个阶段的漫长企业改制。

从最初的人人入股，初步界定资产存量到变成129位骨干员工持股的增量投入，最后进入彻底的MBO，由168位股东的管理层收购。为防止大股东独断专行，改制后，汪力成个人在华立集团占有27%的股份，只是股份最大的单个股东，但不是绝对控股。

2001年，汪力成因并购飞利浦CDMA手机芯片某技术部门而被《财富》杂志誉为"中国第一商人"，其拥有数十家核心子公司、4家上市公司的"航母"逐渐浮出水面时，问题也随之而来：华立从自然人股东到达华立仪表集团的子公司时，需要经过董事会4个层次的传递——这已经使汪力成产生"鞭长莫及"的感觉。其直接结果是，"母公司—子公司—孙公司"之间链条太长，各管理层之间"责任不明确"。

"如果不进行内部组织结构调整，最后极端的情况可能是'权力用光，责任逃光'，百年华立也是空想！"汪发现，问题出现在控股公司和集团公司身上：母公司大保姆角色意识很浓，集团公司的人喜欢去管下属公司，反之下属产业公司的人也习惯被管。同时，一些产业公司的董事会，尤其是华立绝对控股的一些产业公司董事会的功能又比较虚弱，再加上董事会内部成员兼职过多，没有真正承担作为董事和监事应该承担的责任。

2002年，已经42岁的汪力成清醒地意识到，公司内部治理结构的重整已经迫在眉睫。如果这一任务不能顺利完成，"50岁退休"的愿望就只能是空中楼阁。

整风

汪力成谆谆告诫中高管理层：华立此前的成功很大程度上靠了一种决策上的前瞻性，但华立在具体的实施当中执行力量非常薄弱，这一方面限制了华立的发展速度，另一方面对整个企业来说潜伏着巨大风险。

"解决问题的关键就是在现有组织框架下，明确每一个层级的董事会和管理层的责任。"为此，在和君创业咨询团队的帮助下，汪力成设置了一套极有特色的华立集团组织架构：

母公司不设总裁，汪力成为母公司的董事局主席。董事局主席对董事局负责，董事局下面是一个总监制的管理团队，包括人力资源总监、财务总监、行政总监、营运总监等，下面还有几个职能部门。在几个总监和董事长之间设执行总裁，执行总裁由董事局成员轮流坐庄，五个董事半年轮一次。

因为要重新配置董事会、监事会和管理层成员，方能达到汪力成设想的目标，为了避免出现大的人事变动，汪力成要求组织变革的每一步都要贯穿企业文化和思想建设。

2003年1月，汪力成在华立年会的"华立论坛上"，连续发动了三场有针对性的对话："思考以谈话的方式进行""一半海水，一半火焰——谈职业经理人""竞争淘汰为什么—— 谈竞争淘汰机制"。每一场对话，都有华立中高层管理人员和普通员工参与，和君创业总裁彭剑锋以嘉宾身份参与讨论。

来自华立仪表集团事业一部电子表研究所的项目经理左平和他的同事们承认这几次讨论带来了"巨大的压力"，压力在于他们曾有的一些旧意识与目前所推行的理念不完全一致。

然而，"退休倒计时"中的汪力成已经没有耐心等自己的管理人员慢慢长大。从2003年开始，汪力成开始大量引进职业经理人。像杨建平等来自和君创业的咨询人员也开始介入一些业务的实际操作，希望通过"帮办"的方式带动华立人员的成长。

对于引进的职业经理人，华立内部曾有颇多疑问。在华立网站的华立社区中，一位叫zunqing的留言者说："华立聘用外来的和尚，是想尝试一下职业经理人的味道,中西文化的差异,专业管理的不同,是企业变革的一种尝试。关键在于外来的和尚是不是真和尚。"

但这些声音并没能阻止"空降兵"的降落。2003年,华立集团最大的子公司华立仪表聘请的以色列籍副总裁Avi Lugassi走马上任,成为华立第5位外籍职业经理人;2004年,原东方通信市场营销部总裁葛晨走马上任华立通信总裁。

未来

2010年的脚步越来越近,汪力成"50岁退休"的誓言言犹在耳。三年之后,他真的能潇洒地甩开手,去完成儿时的梦想吗?

2007年6月30日,《中国证券报》刊登了《浙江华立科技股份有限公司专项治理自查报告》一文。在这个报告中,华立科技董事会声明,公司治理方面存在一些有待改进的问题。其中特别指出,由于后备人才储备不足及专业人才的紧缺,目前公司只有总裁一名,副总裁职务空缺,尚未建立起总裁班子,在知识结构与领导能力上存在欠缺,不利于公司董事会决策及执行力的提升。

作为华立集团旗下的一家上市公司,其存在的问题,可见整个集团状况之一斑。在这样的情形下,3年后——这个时间并不太长——汪力成该如何脱身?

编者按:2010年(即上文所指的"3年后")12月30日,汪力成在接受媒体采访时证实,他已辞去华立集团总裁、法人代表,仅保留董事局主席一职。新任总裁、法人代表是在华立工作20年的原副总裁肖琪经。

◎ 创维的自我超越

文 / 史静华 《商界评论》特约撰稿人

> 虽是被迫应对危机，但是无意间推动的组织变革却重塑了创维，同时也在不情愿中让职业经理人走到了前台。曾经迷恋权柄的黄宏生，出狱后并未重返创维，而是选择了投身新能源汽车领域，出任金龙客车董事长。但在他入狱期间创维经历的治理变革依然堪称经典。

每一个人都自然拥有对无极权力的渴望和对金钱的贪欲，但是，只有历经了权力和金钱的挫败后又重新挺立的人，他才能说是一个完全意义上的主人，而不是奴隶。

黄宏生从高度集权到让职业经理人走上前台，不仅仅完成了企业的顺利转型，同时也完成了人格上的自我救赎。

陆强华后的创维再造

创维是黄宏生一手带大的孩子。

从1987年下海创业开始，黄宏生一路坎坷，曾经连年亏损，债台高筑。也正是这样的创业路程让黄宏生对企业有一种割舍不断的情结——创维不仅是自己的孩子，也是自己个人价值的体现。因此他的管理风格就是事无巨细必亲自过问，中层发放奖金，超过1万元都要他亲自批。在很多人的眼中，创维就是黄宏生,黄宏生就是创维,二者之间没有什么区别。

也正是这样的情感,让黄宏生在面对来自职业经理人的权力挑战时,付出了难以想象的代价。

2000年,创维集团原中国区销售总经理陆强华携150多号人马(其中有11位原创维片区经理,20多位管理层的核心干部)集体跳槽,创维业绩大受影响。

事实上,陆并非是与创维分手的唯一高管人员。2000年以来,先后有杜健君、胡秋生、褚秀菊、陶均、郭腾跃等10多名高管人员从创维出走,其中不少倒戈到对手阵营中。

根深蒂固的原因就是黄宏生对权力的警觉。黄决不允许创维的经理人权力、号召力过高,更不用提创维高管们一直都要求的股权。

虽然陆强华事件让创维付出了很大代价,但同时也促使黄宏生思考如何建立一个健康稳妥的组织体系,让人才能够团结在创维这面大旗下,而不要因一人废而导致组织的动荡。

经过一番痛苦的内心征战,黄宏生开始对创维进行组织变革。这就是后来的再造创维工程。

首先,黄宏生将开发中心从香港迁到了深圳,缩短开发和市场部门的距离,以提高组织效率。

第二,建设新的领导团队,逐步放权。创维六大产业公司每一家都有自己的CEO,通过外引内提,焕发领导层的活力。

最重要的是黄宏生对自己在组织中的定位做了思考,他逐渐从事无巨细的事务性工作中解脱出来,开始关注战略问题,不再出任创维集团的总裁,而只保留董事长职务,并且向所有职工公开自己的手机号和电子邮箱。

黄宏生所做的又一调整是,所有关键岗位,绝不再搞空降部队。他以GE

为榜样,"GE 的模式是任何人都要先经过公司的考察后才能委以重任,创维在高速发展的过程中往往比较急躁,喜欢用空降部队,这些人容易与企业文化有冲突。"

在这样的框架下,黄宏生启用了一大批年轻有为的职业经理人充实到创维的关键岗位上。其中,杨东文和张学斌就是在这个阶段崭露头角的创维新一代管理者。

有一件事情可以说明黄宏生的这种转变。

当张学斌来到创维后,他面对陆强华离职后混乱的组织结构和错综的人际关系,心里清楚没有强大的权力,自己这个中国区总裁只能是形同虚设。

因此,张向黄宏生要权:"3000 万元以内的材料费可以自行决定。"没想到黄宏生当时就签了字。

事实上,黄宏生并不是甩手了就完全不管,一方面在经理人梦寐以求的股权问题上他丝毫没有松口;另一方面也在观察考验这些新起用经理人的能力和道德水平。

黄宏生经常到财务那里了解情况,"他要看你是不是真在为企业出力"。当这些方面得到肯定后,黄对张的支持进一步加大,张学斌砍掉了那些亏损的网络、电脑公司,建议成立彩电事业部来集中管理创维的主业,这些建议均被采纳。

慢慢地,这些职业经理人在曾经是家天下的创维立住了脚,树立了自己的职业权威。而创维也从中受益,2000 年,创维亏损将近 1.3 亿元,2001 年就扭亏为盈。

此后,黄宏生慢慢开始拿出 500 万股期权给张学斌,然后是 800 万、1500 万,股权问题上也松了口子。

授权：你不"浴火"，叫他怎么"重生"？

"香港涉案"促成的董事会变革

2004年11月30日，黄宏生因挪用公司资金等罪名被香港廉政公署拘禁，创维股票随即被停牌。

黄宏生"香港涉案"给创维带来了最严峻的一次考验。

为了迅速扭转局面，创维必须在很短的时间内完善内部治理结构，只有规范了企业内部治理，才能从"黄宏生的创维"到"公众公司创维"的转变。

当天晚上7点，张学斌在深圳创维大厦13层的会议室里接到黄宏生传真来的简短授权书：全权委托张学斌管理创维。

随即，创维展开自救行动。在8天内成立了"独立委员会"，迅速改组了董事会，涉案的黄宏生仅保留非执行董事一职，其弟则辞去一切行政职务，与案件有关的前首席财务官郑建中也被辞退。

此外，创维还分设集团主席及行政总裁职责，并设立薪酬委员会及提名委员会。由现任中国电子商会副会长的王殿甫出任创维数码CEO，坐镇创维。

管理层的大换血标志着创维深刻内部变革的开始。而此前培养完成的内部职业经理人，在危难之际，担当起了扶持创维大旗的重任。

当局面初步稳定下来之后，创维对股份结构也作了必要的调整，这一方面是为了保障企业创始人的利益，同时也是为了更好地激励职业经理人的闯劲。

创维数码的公开资料显示，黄宏生除个人在创维数码持股1.72%，还通过一项信托持有创维数码37.45%的股权，而该信托由黄的妻子林卫平和其子女全权收益。也就是说，即使黄宏生完全出局，创维数码的控股权依然掌握在黄氏家族手中。

但在公司的决策、经营以及运作等方面，都必须仰仗这两年迅速崛起的职业经理人队伍。特别是在"香港涉案"事件以后，创维已经由老板管理的模式，完全过渡到职业经理人管理。2006年2月，曾经离开创维两年的原营销总裁杨东文回归创维，并进入创维数码董事会，担任执行董事。

经过一系列调整，创维数码的管理层架构十分清晰。执行董事计有5人：王殿甫、张学斌、丁凯、梁子正、林卫平。德高望重的家电业元老王殿甫和张学斌一起负责企业发展方向以及战略等方面的决策，并不在下属公司担任管理职务。杨东文负责创维生命线——彩电国内市场的生产和销售。在国际市场，创维聘请了曾在LG和TTE任职的韩国人金相烨打理。技术方面依然由创维数码首席科学家李鸿安负责。

一个成熟的职业经理人高管脉络，在创维已经搭建完成。

而股权激励也在一步步展开。

临危受命的张学斌，至2005年3月30日，持有创维数码2300万股购股权，以及600万股股份。另一位创维的老臣，70岁的丁凯女士，持有创维数码1000万股股份，以及200万股购股权。其他高管享有几十万甚至百万元的年薪，但实际持有的股份数量却非常有限。

经过一系列内部公司治理结构的调整，创维拿出了2005年的良好业绩（2004年4月1日至2005年3月31日，含黄宏生涉讼脱离公司管理的4个月）。报表显示，创维在2005年财年创造了4.03亿港元的净利润。

这一数据，几乎等于深康佳、TCL集团、海信电器、厦华电子等四家国内彩电类上市公司的净利润总和。这一成绩完全是由职业经理人主宰创维的成绩单。"两年来，创维的治理结构已经发生变化，一直是现有的班底在运作，大股东实际上没有参与日常运营。"创维内部人士说。

企业家的自我超越

应该这样说，创维的成功，是企业家和职业经理人的成功，更重要的是在外力推动下企业家的自我超越。

授权：你不"浴火"，叫他怎么"重生"？

创维香港上市成功后，黄宏生对自己的职责权利做了一番思考：企业小的时候，因为资金有限，不可能找太多的人，凡事亲力亲为。上市后要学会充分授权，改变以前事必躬亲的作风，无为而治。

黄宏生说："经过这么多事情，我终于想通了一个道理，企业小的时候百分之百的钱都是自己的，企业大了以后，一切都是社会的。对这个社会资源，我只不过有决策权，而使用权和所有权，并不完全属于我。在这种大的社会财富里面，如果只有我一个人，很可能不小心决策不当，导致企业的失败。但如果引进人才，逐一授权，监督管理，培养人才，肯定能发展。而不授权，搞独裁，企业肯定是死路一条。两个做法，一个做法就是所有的资金使用，甚至连1万块钱都由我自己批，这样，企业一定会由大变小，最后死亡。另外一个办法是授权。不授权注定要失败，为什么要走注定失败的路子呢？"

黄宏生将此称为中国企业要做大的一个世纪挑战，或者说是人的认识极限的挑战。

这不仅仅是黄宏生的矛盾，很多成功企业家也有这种困惑：一方面，他们清楚地认识到了自己能力的局限，企业的安危不能因人而废；另一方面，作为企业的缔造者，他不能容忍它忽略自己的存在。

黄宏生所主导的革命则是在利益转让的状态下展开的。首先，黄宏生稀释了自己的股份，让800余人进入老板行列；其次，黄宏生放弃了自己的无极权力，与职业经理人分权；其三，黄宏生让出企业的利益，与创维员工一起分享发展成果；其四，把创维改造成为一个承担员工梦想的平台。

中国企业一直在提倡所有权和经营权分离，黄宏生本人也一直在朝这个方向努力，但是作为中国第一代企业家，他只能做到今天这个程度。而这一切，黄宏生显然是一个被外力所助推的成功者。

黄宏生不在创维的时候写过一封信："值得创维人庆幸的是，'再造创维'

的运动,提早地推动了接班人计划,涌现出以张学斌总裁为代表的一批年富力强的企业家团队。"事实上,正是这种独特但是并非情愿的方式,无意间为创维的后继发展铺平了道路。忠诚可靠、行动迅速、强有力的职业经理人队伍保证了创维的正常运转,不仅在巨大的变故面前顺利平稳地实现了权力过渡,更经受住了黄宏生的期望,将企业带入了一个后黄宏生时代的新纪元。

授权：你不"浴火"，叫他怎么"重生"？

◎ 虎都服饰的招虎之道

文 / 魏玉祺 浙江广博集团办公室主任

> 副总裁吴越手中的权限，基本上是根据其所能达到的极限给予，老板郭建新对于"猛虎"更多的是信任而非统御。

郭建新，虎都服饰公司董事长，西裤标准的倡导者。虽然很多人对虎都西裤耳熟能详，但是对虎都服饰真正的老板郭建新，却鲜有了解。作为闽商品牌的代表性企业家，郭建新很低调，很少在传媒和公众场合露面，甚至郭建新也认为自己是一个"隐士"。

然而，虎都的员工则认为郭是一个谋略家。因为他知人善用，让每一个人才都可以在虎都找到自己的定位并且发挥得淋漓尽致，而自己则稳坐中军帐。这就是郭建新的"御虎之道"。

虎都招"虎"

1988年，郭建新从新加坡归来，他在自己的祖籍福建泉州圈了一小块地，开始了西裤标准的制定生涯。

当时的服装市场现状是，西式服装供不应求，非常火爆，福建、广东和浙江等东南、岭南的对外口岸，成为了新潮的西式服装设计和制造的中心，但是大多采用前店后厂的模式生产，渠道以批发为主。

郭建新敏锐地意识到，这种方式只能辉煌一时，只有拥有自己的品牌和口碑，才能在将来的市场中占领高端位置。

于是，他创立了虎都品牌。

凭借先人一步，郭建新率先从作坊式的企业成功突围。到了1998年，虎都的总资产规模已经达到了1亿元，这在泉州已经是遥遥领先。

初有小成，郭建新开始在全国布局。但服装市场的潮流瞬息万变，面对这样的市场，郭建新开始觉得力不从心。"我觉得自己实在不是一个将才，确切地说，我需要一只虎，一只领舞虎都的虎。"

郭开始"张榜招虎"。

他找到了吴越，一个有着虎一样生气和霸气的开拓者。从那时起，郭建新便将企业的权杖交予吴越。能有这样的胸襟和魄力的企业家，到现在也为数不多！

事实上，虎都总裁郭建新最正确的决定就是请到吴越。两人之间的信任与默契，让众多企业家和职业经理人无比羡慕。

最初，郭建新找到吴越，请他出任虎都的副总裁时，吴越并没有接受。他自己先对虎都作了一番了解，同时也侧面了解了郭建新的个性。

经过一番调查，吴越发现虎都与众不同。首先，虎都是闽南第一家不采用家族式管理的服装企业，虎都的运营和管理模式的理念来自郭建新在海外的经历；其次，郭建新对虎都的员工非常尊敬，而不像很多企业老板自我感觉不可一世。

作为一名职业经理人，吴越非常清楚伴君如伴虎的滋味，不了解郭的理念个性，贸然加入虎都只能是九死一生。

有了基本的了解后，吴越又试探性地同郭建新谈起授权的问题。没有想到郭反问他："你在虎都能做到多大规模？"

吴越思考了一下，蛮有信心地说："30个亿！"

授权: 你不"浴火",叫他怎么"重生"?

郭建新一拍大腿,"好,那我就给你30个亿的权限!"

郭建新的完全放手,让吴越感动不已。因为作为职业经理人的他,最大的愿望就是希望拥有一个可以施展自己才能的空间,而他从郭建新的身上看到了这个希望。

投桃报李。

当郭建新请吴越出任虎都的副总裁时,吴越说自己要先在南京做出成绩,成绩出来了,再上任。这样一方面可以提前熟悉企业,另一方面低姿态高成绩也可以更好地树立领导权威。

吴越不负郭建新所望,在南京才不过干了几个月,就已经业绩骄人,然后远赴福建上任。

"其实,要想过好日子,我完全可以只留在南京,那个区域的成绩足以让我过上优越的生活,而且可以兼顾家庭。但是,舍得小家顾大家,这个世界上千里马常有而伯乐不常有。郭总对我的信任和支持,我永远都会记得,我也愿意全心全意地为虎都做事。"吴越如此袒露他的心声。

信任是共舞的基石

从1998年开始,吴越与郭建新默契相处了许多年,从来没有因为一个是老板一个是经理人而产生矛盾。郭建新给予吴越完全的宽容与信任,而吴越以自身的能力与品格对郭的期待做出了满意的答复。

从另一种意义上说,郭建新与吴越成功的合作关系得益于他们优秀的职业品质,郭继承了国外优秀的管理经验,而吴越更具备了职业人的优秀素质。

"我会把握几个大原则,一是人格平等,不能做老板的附属品,权利与义务应该是对等的;二是要注重规范,制度规定的谁都不能改变;第三,永远将公司利益放在第一位。"

吴越凭借这几个原则妥善地处理好了上上下下的关系。这几条原则，归根结底，其实就是把个人置于集体之下的一种姿态。

有一件事情可以说明吴越的职业素养，吴越一个很要好的朋友在虎都犯了错误，他毫不犹豫对他进行处罚，并把他开除出公司。把虎都的利益放在第一位，以这个价值观去衡量他的朋友，朋友失职也要接受处罚，公司的制度高于一切。处理事务能够做到这样公正，郭建新对此赞许不已。

有了彼此的欣赏，相互的合作越来越默契，郭建新给予吴越的支持也越来越大。

因为郭建新的欣赏与信任，吴越拒绝了月薪2万美元的高薪聘请，专心在虎都发展。"个人定位与企业定位其实是一致的。"吴越说，他不会轻易离开奋斗了多年的虎都。如果有一天他选择离开，那一定是虎都最为辉煌的时候。因为那时候企业成熟了，他的个人能力也发挥了，双方的价值和利益都实现了。

正如吴越对自己的定位："我是一个棋子，但是我要做一个能掌握自己命运的棋子。"

有了这样的默契配合，虎都如虎添翼，在品牌似乎还不为人所知时迅速占领了全国各地的顶级商场，并且一夜间成为央视广告2005年度的服装"标王"。虎都在市场上所向披靡，更让同行惊羡。

搭台与唱戏

在虎都的发展历程中时，郭建新与吴越曾有过几次精彩的对话。

郭建新说："做到1个亿，我就收手不做企业了，太累。"

做到了1个亿时，郭建新说："做到3个亿，说什么我也不再干了！"

吴越说："好！"

授权：你不"浴火"，叫他怎么"重生"？

做到了 7 个亿，郭建新又找吴越说："我们做企业的像活在地狱里一样，太受煎熬！做到 10 个亿，坚决不再做企业了。"

吴越说："突破 10 个亿，没问题！"

等做到了 10 个亿，吴越自己主动跑到郭建新跟前，拍着胸脯说："郭总，我保证把虎都做到 30 个亿！"郭建新说："我绝对相信！"笑了笑又说："你的能力不止这个数吧。以后我搭台，你唱戏，全看你的了！"

◎ 好利来的下一棒

文 / 王长胜 《商界评论》记者

> 从杨金陵到谢立，在不同的发展时期，罗红将企业的经营权不停地传递给选定的贤人，自己却开始骑马走天下。

企业是一场接力赛，成功的企业能一棒接着一棒，一直跑下去，幸运的企业家总能找到接下一棒的最佳选手。

罗红，好利来跑第一棒的那个人，终于在好利来16岁的时候，把它交给另一个人，这个人10年来是跟好利来一起成长的。

罗红是谁？也许你不认识，但你可能看过他的摄影作品，北京地铁里到处都是；如果你没有见过，那你应该吃过他的蛋糕；如果还没有，那你应该知道他创办的好利来，700多家店面遍布全国上百个大中城市；如果这一切你都一无所知，那你早晚有一天会知道，因为他要把好利来开遍华夏大地，即使他做不到，他的后来者也一定可以做到。

留贤不留亲

从偏安一隅的西南小城四川雅安起步，一炮打响；在大西北的兰州发力，迅速复制；在大东北沈阳遭遇第一场寒冬，差点跳楼。罗红和所有企业家一样，一路走来，悲喜交加。

10多年前，巨大的热气球广告、窗明几净的开放式店面、样式新颖的生

> **授权：** 你不"浴火"，叫他怎么"重生"？

日蛋糕，让雅安人见识了罗红的第一个起跑动作，漂亮。掌声四起之后，得到鼓励的罗红怀揣所有家当——20万元，只身北上兰州，他要在更大的场地展示矫健的身躯。

用势如破竹形容好利来在兰州的发展并不为过，一口气开了5家店之后，罗红遇到了企业壮大过程中的第一个瓶颈——人才。在家排行老四的罗红，把三个哥哥和一个发小都请到兰州，俨然一个家族企业，这很符合中国多数民营企业的路数。罗红虽然没有接受过正规企业管理教育，但是，直觉告诉他不能办成家族企业。于是，第一次的高层震动上演了。

大哥首先发难，他执意要劝罗红把他的发小赶出去，保证高层的"血统"，以防后患，同时要求分割股份。罗红为难了，左边是亲大哥，右边是一起玩大的发小，头顶是新生不久的企业。

在罗红眼中，发小是个经营企业的人才，遇才而不用的企业走不远。一咬牙，罗红选择发小，大哥走了，看不过去的三哥也走了。任人唯贤的基因，就此在罗红和好利来留下了火种。那时，罗红有个目标，要做中国的蛋糕王。

八爪鱼式生存

很快，兰州已经不能满足罗红的梦想，他再次出征北上，这一站是大东北。

在中国市场有句话，得三北者得天下，三北就是西北、东北、华北。

罗红在中国市场忙得不可开交的时候，在地球另一边有一位老人，看上了这个30来岁的小伙子，认定好利来会有前途。这个老人是美国著名的奶油大王，他的企业名叫维益，是世界500强企业，全球最大的奶油供应商，而当时的好利来不过30多家店。

老人请罗红一行8人去美国西部游玩，顺便看看维益这个企业，之后再谈合作。痴迷摄影的罗红,自开好利来之后,就再也没有时间碰他的相机,去美国西部拍牛仔一直是他的梦想。就这样罗红被"忽悠"去了美国。

这趟美国之行,让罗红受益匪浅。老人告诉他,一个人最多只能管好7个人,而像他这样事事都要亲力亲为不是一个总裁应该做的。他开始认识到,一个企业家,最重要的本职工作是发现人才、选拔人才、培养一个优秀的管理团队、为企业建立一个科学体系、让企业能够自我运转。

而在这之前,好利来的任何事宜,罗红都要事必躬亲,整天忙得像一只八爪鱼,根本没有时间和精力去考虑企业的战略。

空降风暴

美国之行回来后,罗红开始四处招兵买马。在餐饮行业,肯德基和麦当劳是大家公认的楷模。来自苏州肯德基的杨金陵此时进入了好利来,出任总经理,与罗红一起创业的几个人作为副总经理协助杨的工作,一切行动听从杨的调配。罗红之所以给杨如此大的职位和权力,还是希望杨能给好利来带来先进的管理模式,从一家创业型的企业成长为一家现代化企业。

天难从人愿。

入主好利来不久,杨金陵发现好利来的经营太弱,甚至连副总都不懂经营,而行政部门太过臃肿,于是掀起了一场轰轰烈烈的内部改革。先是裁撤了部分行政部门和人员,让他们进入基层经营第一线,其中甚至包括一名副总经理。习惯了罗红亲情式管理的员工,对这突如其来的改革很不买账。杨金陵的措施发布下去,却得不到执行,改革一时间陷入困顿。

起初,罗红认为改革遇到一些阻力也是正常的,所以,对杨的改革方案给予支持,包括杨着手制定的《经营手册》对很多人造成了利益损害,但罗红还是默许通过了。

授权：你不"浴火",叫他怎么"重生"?

就在杨金陵大刀阔斧改革的时候,好利来遭遇了另一场寒冬。东北人有个说法,九九为大,1999年不能过生日,这对于卖生日蛋糕的好利来不啻晴天霹雳。当年的销售额直线下降,员工流失严重,人心开始涣散。

那年冬天,沈阳飘着大雪,在沈阳绿岛森林公园,罗红和5个副总经理坐到一起,其中,两个哥哥、一个表弟、一个发小和一个朋友。算是公司会议,更像是家庭会议,因为身为总经理的杨金陵没有参加。6个人,分作两派,罗红只身一人。

会议开了不到两个小时,进行不下去了,吵得一塌糊涂。罗红甩门走人,回到房间,失声大哭,从来没有过的孤独感袭上心头。他慢慢走到窗边,推开了窗户……

"要不是二楼,我真就跳下去了,我怕摔不死,弄个残疾给家人带来麻烦,还有碍美观。"今天说起这些,罗红一脸轻松。

那次会议之后,5位副总全部走光,人心终于散了。

分权而治之

空降是没错的,改革也是没错的,但是水土不服的空降是没用的,急于求成的改革也是行不通的。这次惨痛经历之后,罗红开始调整舞姿和步伐。

1999年过去了,改革推行不下去的杨金陵离职了,罗红把5位副总一一请回来了。

罗红把全国市场分成6个大区,自己直接管辖一个大区,让5位副总退出集团管理层,各去负责一个大区,持有大区股份。这次分权,得到了5位副总的高度认同。

之前,5位副总在集团都只负责一两个部门,如今,要成为封疆大吏,各自当一回小家,行使自己大区内的一切生杀大权,积极性自然高涨。事实证明也是如此,一年后,好利来在全国开店超过200家,较上年增长了一倍。

经历了分分合合之后,罗红和几位副总之间,心贴得更近了,各自当家之后,也知道了柴米油盐贵了,沟通起来,也更加容易了。这次分权,整个好利来管理系统的层级大为简化,总部的旨意更能够得到基层的执行。在提高企业灵活性和应变能力的同时,也有效稀释了企业的风险成本,解决了困扰整个餐饮行业跨地域经营的难题。从而,完成了好利来历史上最具意义的革命。

总结这次失败的"空降改革"和成功的"分权而治",罗红认为这是好利来成长史上的第一次蜕变,从一个非正规的突击队,变成一支具有持续战斗力的正规军。同时,也让好利来文化得到了前所未有的认同,1999年的那次员工流失共800人,之后,其中的784人又回到好利来,如果不是高度的企业文化认同,这等企业史上的奇观也不会出现。

得人才如发横财

虽然空降这步棋下得不算漂亮,但是罗红手里还握着另外一颗棋子,足以让他心动的棋子。他和这颗棋子的相遇有些偶然,这颗棋子就是谢立,今天的好利来总经理。

谢立本是成都肯德基的负责人,20岁出头。当时,好利来在成都召开大型招聘会,很多肯德基员工去应聘,谢立也乔装扮作应聘者,想去看看到底是什么样的企业能吸引这么多肯德基员工。

罗红列席旁听面试,没有提问题,谢立也不知道他才是企业的老板。几个问题回答下来,罗红当即就认定,这就是他要找的接班人。今天,罗红和谢立都忘记了当年的具体问题和回答,但罗红依然记得谢立的回答和他自己要做的回答一模一样。而且,人也聪明、诚实、谦逊,这是罗红很看重的素质。只面试了谢立一个人后，罗红就压抑着心中的激动离开了，没有人知道他已经有了最佳人选。

"我今天可算发了横财了，找到好利来接班人了。"晚上回家后，罗红终于按捺不住，首先对爱人说了。

"瞧你，还像个孩子，一点都沉不住气。"

"这事，能沉住气吗？"在罗红心里，寻找接班人是他心头最大的事。

今天讲起这些，罗红还是表现得兴奋不已。

1998年，谢立进入好利来。第一份职务是营运总经理助理，一个月后，就任营运副总经理，一年后，就任营运总经理。很多企业都是这样，企业家过早暴露被培养对象的身份，是很危险的事情。所以，直到两年后，谢立才从侧面了解到，罗红是把自己当作接班人来培养的。

2004年，谢立就任好利来执行副总经理，负责一切日常工作。此时的罗红，终于可以放心去非洲摄影了，一去少则一两周，多则一两个月，特意配备的卫星电话，从来都没有用到过。

交出接力棒

2006年年初，罗红把谢立叫到办公室。开门见山地说："我要你做总经理，你有什么意见？"一锤定音，谢立就此走向前台。

接下来的几个月，谢立的头发成批掉了很多。之前需要跟罗红请示的问题，如今需要自己决定了，签字的那一刻，手难免会抖。

2007年年初的年会上，按照惯例，罗红要先敬全体员工三碗酒，每年都是这样。

"小二，倒酒。"罗红一声令下，谢立赶紧给罗红斟酒。而今年，罗红抓起酒瓶，给谢立倒酒。扶人上马，送上一程。

在罗红看来，企业就像个孩子，把他拉扯大，他翅膀硬了，就让他自己去飞，去闯。没有父母希望一辈子把孩子牢牢控制在手里。作为企业的创始人，也要放开心态，不要有太强的控制欲。至于功高震主的现象，罗红倒是盼望早一天到来，那只能说明自己是一个优秀的伯乐，也说明谢立确实没有辜负他。

罗红现在很轻松，公司的事情少了许多，只需要做两件事情：一是每年年初定一下企业战略；二是给谢立打打杂，比如公司的VI方案、传播方案之类一个员工就能做到的小事情，这些都是玩摄影的罗红所擅长的。

罗红现在也更加忙碌了，忙着陪家人、忙着骑马、忙着养锦鲤。当然，更要忙着去摄影、搞环保事业，他把这些看作是他的第二使命。

很久以前，罗红在菩萨面前许过一个愿，那是他平生许的第一个愿：希望菩萨保佑自己，用他的智慧和努力，让更多的人过上幸福美好的生活。现在他更希望把更多瞬间变成永恒，让更多人都拿出实际行动保护环境，为后代留下一点真正有价值的财富。

授权: 你不"浴火",叫他怎么"重生"?

◎ 大午集团立宪志

文 / 王孟龙 南开大学跨国公司研究中心特聘教授,英国《金融时报》特约撰稿人,危机管理专家

> 将社会领域的分权模式引入到企业之中,实行类似的"三权分立",使大午集团建立了"甩手掌柜"的制度基础。

目前,河北大午农牧集团创始人孙大午的名片上已经没有了董事长的头衔,仅仅保留了一个监事长的职务。

从曾经忙忙碌碌的企业家,转型成为一个仅仅担负监理企业职责,放下担子认认真真研究学问,可以四处交流讲学的研究学者,孙大午走过了一段曲曲折折的路径。

被逼出来的甩手难题

大午集团是从一片荒弃的砖窑和坟包地上发展起来的民营企业。

1985年,孙大午的妻子刘慧茹承包了这块荒地投资养殖业。经过几年发展,孙大午和妻子一起办起了大午农牧有限公司。

企业大了,面对方方面面的关系也复杂起来。但是军人出身,做事"认死理"的孙大午多少有些理想情结,这让他在市场"潜规则"面前遭遇了不少挫折。

一个例子可以说明大午这种不愿意同流合污的个性。

2000年,南方一家公司决定常年要大午集团的产品,一次就要十个车

皮,甚至货款先到。但"按惯例",那家公司经理要每吨60元的回扣,孙大午当场拒绝:"这样做买卖还不如妓女,表面上是在出卖商品,实际上是在出卖人品。"

自然,坚持个性的结果是企业没有得到利益,个人也饱受苦难。

除了个性原因,真正促使孙大午思考如何奠定百年基业,当好一个可以放心的"甩手掌柜"的还是对他触动最为深刻的两件事情:

2003年7月5日,孙大午因涉嫌"非法吸收公众存款罪"被逮捕。同时被捕的还有他的两个弟弟:大午集团副董事长孙志华、总经理孙德华(又名孙二午),孙大午的妻子刘慧茹四处逃亡。

一时间群龙无首,企业的生产遭受重大打击,在建项目全部停工,1300名员工中就有500人无活可干,放假回家了,大午集团首次出现大幅亏损。

身陷牢狱,孙大午时刻关心企业的安危。他思考最多的问题就是如何建立一个健康的企业运行机制——即使企业一把手离开了,企业仍然可以健康发展。为此,他很羡慕王石可以潇洒爬山的轻松。

另一个对孙大午触动很深的事件是私营企业的产权传承问题。

受孙大午融资事件的牵连,集团企业高管全部被关进了监狱,孙大午25岁的长子孙萌接替了父亲的董事长一职。

孙萌毕业于河北农大机电系不久,由于没有丰富的经验和足够的阅历,根本驾驭不了一个产值几亿的大企业。"我每天参加各种会议,接待机关来人,纯粹成了一个维持会长。"

这对企业而言是一个很危险的事情。出狱后的孙大午了解到这一切,给了他一个警醒:企业该如何选拔接班人?

如何能够安全地传承企业所有权?如何避免儿孙败家?这成了孙大午迫在眉睫需要解决的问题。但是,没有一条现成的经验可以借鉴。孙大午决定

授权：你不"浴火"，叫他怎么"重生"？

谋求一条新路子：将企业所有权、决策权、经营权分离。

"三权分立"的私企立宪

受到英国君主立宪制度的启发，孙大午发明了这种方式。大午集团"三权分立"的具体安排是：

企业产权由孙大午和妻子刘慧茹拥有，后代继承；决策权由董事会行使，但是没有所有权和经营权，必须尊重总经理的执行权，不能解聘总经理；总经理和分公司一把手组成的理事会则执行董事会决策，行使经营权。

其中最重大的区别在于企业的产权所有者尊重企业的独立性，没有权力干预经营及调动公司财产。为了保证这点，企业产权的所有者（包括家族成员）组成监事会，监事长世袭，对董事会、理事会进行监督，但不拥有决策权、经营权，也没有任免董事长、总经理的权力。

这样的安排在于保证了大午集团所有权作为一个整体的存在。后代虽能继承产权，但不能进行财产分割。对家族成员的安置是：有能力的去创业，没能力的去享福。

三权分立后企业的"新三会"将共同制定一部内部"宪法"，保证制度的顺利执行。这样做的目的最重要的是让真正对企业负责、有能力的人管理企业，而不是仅仅保障自己的产权利益。

2005年2月28日，私企立宪付诸实施。下午4点，在大午中学阶梯教室里，通过300多名职工代表的选举，孙大午的弟弟、原总经理孙二午和孙大午妻子的侄女、原副总经理刘平分别当选集团董事长和总经理，董事会成员均由孙大午提名推荐，采取等额选举办法诞生新董事会董事15名。

孙大午以集团第一届监事会监事长的身份主导了整个选举。

监事长以家族成员为主，兼顾外部交流和企业内部员工诉求。下属成员

5名：监事长孙大午，副监事长刘慧茹，还有集团顾问、原徐水县政协副主席崔世君，现任企业工会主席和集团秘书处处长。显然监事会是要成为一种代表——所有权和工人利益的代表。

新当选的总经理刘平感觉选举带来的最大变化是：以前只对上面的领导负责，现在不仅要对领导负责，更要对员工负责。如果后来者居上，到下届采取差额选举时，自己还能不能再坐在这个位置上就很难说了。

而选举前曾质问过孙萌凭什么当董事长的集团矿泉水厂厂长张欣更是服气，因为这样当干部不再是由谁说了算，要靠竞选。他向孙萌发出了挑战，4年后"咱们一起竞争董事长"。

这一体制运营4个月来，孙大午再没有参与过企业经营决策。他说："他们干得很好。"

甩手的秘诀——"用人要疑，疑人要用"。

立宪制有一个疑问，因为董事会拥有决策权、理事会拥有经营权，监事会无权决策也无权任免董事长、总经理，那么企业产权的所有人如何保证自己的利益，当企业出现新权威的时候如何避免"尾大不掉"的局面？

孙大午已有答案。

从法律意义上看，家族企业的产权有明确归属，不存在争议，重要的是要保障家族企业的统一完整性问题，避免家族内部纠纷导致的企业破碎。

另一方面，产权细分应该同时包括继承权、收益权、处分权。对这三种权力做出合理的安排就可以解决问题：继承权、收益权可以保障后代享有继承和享受医疗、教育及基本收益，对于资产处分权，一部分分解交给董事会，基本要求是它只能处决企业当年盈利的总额和折旧部分。如果不盈利，即使放弃这部分，也不能处置变卖掉企业资产。这样安排的目的是促使董事会只能在递增积累方面作出最佳决策。而其余的大部分资产，是企业的老本和基业，谁也没有权力任意处置。

对产权的彻底分解，就从制度上对"三权"给予了最大限制：拥有所有权的不能独裁决策和调动企业整体资产；拥有决策权的又没有所有权和经营权；而拥有经营权的则必须执行好投资决策并接受监督。尤其董事会、董事长、总经理由选举产生，监事会就只对"两会两长"实施监督、审计、考核、组织换届选举；对违背企业"宪法"的操作可以弹劾，但绝不是想炒掉谁就炒掉谁——罢免董事长或总经理须经企业职工代表大会通过——所以"二长"不再是为某个家族打工。

这样的约束性就体现在"权力分割、相互制约"。避免个人专断企业命运，三权则要平行并立，都最大又都最小。

这样完全是出自于对企业经营安全性的担心：将企业交付自己的子女，道德方面没有风险，但是子女的能力不足以让孙大午放心；将企业交给职业经理人，能力得到了认可，但是又无法防御道德风险。

三权分立后，就可以妥善解决用人和疑人的矛盾。由于企业的实际经营管理者都是跟随自己多年打拼的内部员工，共同经历坎坷的过程已经将他们的利益与企业紧密地结合在一起，能力风险和道德风险都最小化；并且以竞选的方式产生企业实际领导者，企业上上下下的人也服气，管理相对容易。

成立监事会，就是孙大午所提倡的"用人要疑"：企业产权所有者要监督企业的健康发展，而不是甩手什么都不作为；而"疑人要用"则体现了大胆重用优秀经营管理者积极性的含义，只要制度上做出了合理安排，也就将企业经营者的道德风险降低至可以承担的范围。

孙大午的立宪在企业推广之后，开始的时候，他每隔两个月就要召开一次监事会联席会议，但是慢慢发现企业运行非常健康，后来就过渡到自己只看看财务报表，每年开一两次会议的状况。

一个例子可以说明。自从立宪制选举了新的企业经营者之后，"企业的公关费用明显比我管理的时候上升了，但是都是正常认可的范围，只要不损害企业的利益，我也就不作过问了"。

而孙大午也有了更潇洒的自由。目前他肩负多个名誉职称四处讲学，生活内容安排得非常充实。

从某种意义上讲，这也是个性人物孙大午与社会经济运行潜规则的一种妥协。

甩手放心的核心是激励机制

私企立宪多少与主流的股份制管理思想相悖，因为立宪后企业负有决策权的董事会、董事长，不是法人代表，也没有股权，他们凭什么对企业的生命承担责任？

这样的制度安排能解决董事长、总经理等高层团队的有效激励吗？

孙大午非常鲜明地表述了自己的观点："我不认为股份制才是现代企业制度，不能按企业的性质、形式来划分企业的先进性。企业的先进性我认为就是四句话：产权清晰、组织机构健全、责任明确、奖罚分明。而企业能够凝聚众人积极性的核心就是激励机制。"

对于高层的激励，大午集团建立起了三大机制：

第一，个人收益与企业效益紧密挂钩。企业高管除每月工资外，他们还有以下收入：集团当年盈利总额的0.5%提成、各自分管企业当年收益的1.5%奖励，其他福利方面还包括董事会成员可免费享受集团用车，他们及其家属短期旅游可乘飞机去国外，集团给予补贴；任职时间长的，退休后给予荣誉、养老。

第二，个人收益与员工收益紧密挂钩。大午集团对薪酬作了细分，企业高层的所有收入可高于普通工人的 5~10 倍，最高可达 15 倍；中层干部收入可高于普通工人 2~5 倍。并且将提高工人工资和给国家纳税作为硬指标。因此工人收入提高了，干部的收入就相应提高。你想拿 100 万，你至少让员工拿 10 万。

第三，董事、董事长、总经理由职代会竞选产生。董事会的进入机制是：集团下属 6 个独立法人子公司，每个子公司产生 2 名董事，为 12 名；另外，盈利大、人数多的子公司，可以增加 1~3 名。这样既有平均分配，又照顾了效益好的企业。

退出机制是：每减少一个子公司，就减少 2 名董事，企业倒闭了，它的董事席位自动消亡。董事、董事长、总经理，都由职工代表大会竞选产生。

职工代表资格：凡 5 年以上的老工人，3 年以上的技术人员，班组长以上的干部，1 年以上的业务员，都可以成为职工代表，都有选举和被选举资格。因为这些人和企业的命运息息相关，所以选举标准公开、竞选公开、投票公开。

在任期间，董事 2 年一换届，董事长、总经理 4 年一换届。换届选举可以连选连任。而你受到弹劾，你的考核报告也会向职工代表公布。董事基本每 2 年更换 1/3，实施差额选举，以保持它的活力和连续性。

建立起这样的机制，也就凝聚了人心，人心齐自然泰山移。

◎ 甩手的智慧与策略

文 / 郭梓林 北京大学产业与文化研究所常务副所长，科瑞集团副董事长

企业家需要明白的是：放权其实就是一次无可奈何的交易，甩手也是一件迟早都要发生的事情，没有做不成的生意，只有谈不拢的价格。

中国企业家在权力交接过程中，交接双方都常常遇到一个共同的困惑：想当"甩手掌柜"的第一代企业家，一不小心当成了威大于权的"太上皇"；而所有有志气的接班企业家，都不希望自己头上还有一个不知何时会来一手的"太上皇"。

难点：突破"太上皇症结"

在中国历史上，太上皇不一定都是做皇帝的儿子尊奉的。有的是主动传位于太子；有的是在形势逼迫下，不得不给儿子让位。他们的境遇也很不一样，有的仍牢握权柄，操纵朝政；有的颐养天年，优哉游哉；还有的被软禁起来，与囚徒无异。总体来说，绝大多数都是被迫而不是自愿当太上皇的。做太上皇之后，除了刘太公，一般的日子都要比以前难过。在这些太上皇当中，明英宗朱祁镇搞政变复辟，重新当上了皇帝，而乾隆继续掌握着朝政大权。

当皇帝的威严和荣耀，总是使人留恋，但凡知道"太上皇症结"的企业家们不是到了特殊状态下，不会轻易主动去当"太上皇"的。

授权：你不"浴火"，叫他怎么"重生"？

但是，江山代有才人出，无论任何人，都不能霸占所有的时代。

境界：领导风格决定甩手内涵

掌柜本来就是指管事的人，而"甩手掌柜"是形容什么事情也不操心，什么事情也不管，轻松自在的状态。

当然，甩手掌柜也分两种，一种是手下有能干的人，放手让他们去干，结果比自己亲力亲为更有效率；另一种是不负责，什么事情都不过问，不给下面的工作人员以经营上的方针，随着他们想做点什么，就做点什么，胡乱弄一气，没有经营目标，没有管理制度，最后因为经营上的不善而倒闭。

国外连锁性质的餐饮企业（比如麦当劳、肯德基等）或销售企业（比如沃尔玛、家乐福等），往往是经历了相当长时间的发展，有一套明确的发展战略和切实可行的管理制度，不仅在文化上形成了统一的风格，而且在经营思路上随时与公司保持一致。这些企业发展迅速，规模很大，但管理有序，看似对下面充分授权，但实际上却高度控制。

所以，真正敢于和善于甩手的掌柜，并不是不负责，也不是力不从心，更不是无力为之，而是让下属"不知有之"。

老子在《道德经》中，就把领导者分成四个等级："太上，不知有之。其次，亲而誉之。其次，畏之。其次，侮之。"不同领导者甩手的真正意蕴和境界是很不同的。

最高级的是"不知有之"。在这样的领导者带领下，大家会意识到事情有条不紊，每件事都像是顺理成章，但并不感觉到领导人的刻意经营，甚至感觉不到他们的存在。他们在哪儿，在干什么，似乎与这个企业的正常运行没有太大的关系。在这样的环境中工作，人们获得了自由的空间，能发挥所长，也给自身、机构和社会带来最大的好处。这样的领导者如果要退居二线，那是真的退，他不必以此试探人心，你也不必担心他背后还有什么名堂。

次一等的是"亲而誉之"。因为他的贡献，大家会给这一类型的领导者美好的赞誉，并希望和他们多多亲近。这是达到双向沟通的基本条件。有效的沟通能让大家不停地改进，并向更高的理想迈进。这一等领导者要退往往是个姿态，甚至是引蛇出洞，所以，后继者一定要小心，不要稀里糊涂地顺水推舟，暴露了接班的野心——不论你是儿子，还是战友。他们才是真正想当乾隆式"太上皇"的人。

再次一等的是"畏之"。下级对这类领导者十分害怕。因此人们只会按本子办事,听从"领导"的吩咐。结果下情不能上达、政令不能下传。大家只是原地踏步按部就班地做事,最终企业也没有什么大的发展。这一等领导者是永远不会放弃权力的人,非到自然生命结束,绝不会当"甩手掌柜",甚至不会当乾隆式"太上皇",任何要窥视他们权力的人,都不会有好下场,只有那些城府极深的阴谋者,才能得到他们在死后赋予的权力,而且极有可能只是一部分,他们不会希望后人还会有比他们更大的权力。

最低等级的是"侮之"。这种领导者经常受到下级的讥笑谩骂,人们毫不尊重他的讲话和作为,这样不停加深矛盾,加剧内耗。结果君臣不睦、下情不达、政令不传。这等领导者甩手时很可能是被逼无奈。

策略:稳固有形江山,强化无形把控

男人有两个最爱,一个是权力,一个美女,如果把"美女"理解为世间诸多美好事物的话,我们就知道绝大多数男人并不是独爱权力,而常常是鱼和熊掌都想得到,只是往往只能从诸多选择中做出取舍而已。对于已经控制了"江山"的企业家来说,没有其他追求才是不正常的,重要的是"更爱美人"的时候江山不能倒。跳起脚来摘桃子,本身没错,只是永远都不能让自己的脚踏空。

"更爱美人"的前提是,能把企业当自己的"江山",企业得是自己的,或者至少有一部分是自己的。试想如果企业都是国有的、集体的,谁又敢把企业当自己的江山?这样的企业家只能是"铁打营盘"中的"流水兵"而已,他们甩手的结局只有一个——下课,所以他们不可能选择"甩手",因为那本不是他们的权力。

因此,要想当"甩手掌柜",重要的前提是企业家有信心不会因此而失去既得利益,能够稳固自己的所有权。

在这手硬的同时，企业家要心甘情愿的甩手，还得有"更好的选择"等着他去追求。比如：万科集团的王石，万通集团的冯仑，蒙牛集团的牛根生，皇明太阳能的黄鸣等，他们已经开始把日常的经营大权让渡给了自己的管理团队。他们在做他们认为更重要更有意义的事情，而且在他们看来，那些"更重要更有意义的事情"一定更有利于他们对企业的把控。这种把控不仅是产权意义上的，也不仅是直接效益意义上的，而是一种对企业的无形控制，并可以为企业创造出更大的无形资产，甚或他们个人已经成为企业政治的一种不可替代的平衡力量。这正是老子所说的那种最高层次的领导者。

要素：平衡权力与时间的价格

一个人的生命是有限的，有限的生命只能提供有限的精力。而企业的发展空间和能做的事，与个人的生命相比，是无限的。

用"有限"的生命来搏"无限的为人民服务"，精神可嘉，却不自量力。所以，"甩手掌柜"现象，从根本上说是一种无奈的放权，放权是为了使企业能活得更久。正如《康熙大帝》的主题曲《向天再借五百年》唱的那样："我真的还想再活五百年……"

如果真能向天再借五百年，哪个企业家都不会放弃这样的机会。所以，放权的问题，是时间和时机的问题。说到底是不得不进行的一场交易。

企业的第一代领导人在权力问题上的交易取决于以下几个方面：

第一，个人的利益能否得到保证。这里的利益既指物质层面的，也包括精神层面的；既是指现有的利益格局是否会发生对自己不利的根本性的变化，也是指在新拓展的领域是否能获得更充足的利益。

第二，在保证了个人利益的前提下，事业能否延续。当企业发展到一定水平之后，企业家对企业的诉求不再单纯是经济利益，往往会把企业作为生

授权：你不"浴火"，叫他怎么"重生"？

命的一部分，所以他们会关注企业发展的社会意义，因为作为公众人物，他们的社会形象已经与企业形象相生相伴，如果企业倒了，不只是经济问题而是社会责任问题。

第三，事业延续的方向是否符合个人偏好。企业的战略往往是企业家最关注的问题。什么都能挣钱，但不是挣钱的事情都能去做，路径依赖也好，个人偏好也好，企业家不会让企业的发展方向发生根本性的变化，因为那样一来，他们会看不懂，看不懂就不放心。

第四，事业延续过程中的风险防范。市场是不确定的，人也是不确定的，所以放权的风险永远都存在。人治也好，法治也好，建立防范机制，以制度约束彼此的权力和责任，并且要给后人留下创新的空间，这不是一件容易的事。

如何建立一种互信的机制，永远都是权力让渡的困局。禅让制也好，继承制也好，民主选举制也好，公开竞聘制也好，人类为此所做的努力已经很多，重要的往往在于以最小的风险（或交易成本）获得交易的成功。只要企业家明白：放权其实就是一次无可奈何的交易，是一件迟早都要发生的事情，那么，交易过程中应该注意哪些问题，用什么办法来解决就不是什么大问题，因为，"没有做不成的生意，只有谈不拢的价格"。

保障：作好甩手前的准备

以攀登珠峰为乐的王石值得很多企业家羡慕，因为董事长离开三月，万科的"印钞机"照样运转正常。即使他只是一个天天爬山的董事长，王石也还是万科的代名词。对于那些真正想甩手，或者不得不甩手的企业家来说，怎样甩得安全确实需要认真对待。因为没有人希望自己甩手之后，企业变得一塌糊涂，以致不得不重出江湖。

职业化的企业家，加上职业化的管理团队是甩手前的第一准备。

王石这样潇洒的甩手也不是一朝一夕就实现了的。从1999年开始，王石就将总经理的担子卸下来，只做董事长，开始了培养年轻接班人的步骤。王石要的是主动"交班"，而不是要等到"退休"的那天再做这件事。

相反，原长城集团董事长王之则在交班时麻烦重重，长城当年的成功在于王之的眼光和魄力，可是声望过高、过于强势的企业领袖，往往又会给企业带来极大的风险。当他试图退出的时候，却发现长城是"一个人的长城"。由于接班人仍然没有准备好，在准备淡出的最初6年时间里换了5任总经理了，高层极不稳定。

学会适应甩手后的生活，克制干预的冲动是掌柜们得以成功的第二大要素。大多数企业家，当他从繁忙的日常事务中解脱出来，反而会有一段时间的不适应，甚至失落，如果无法在这一段过渡时期克制住干预的冲动，那么接班人永远也长不大，还可能感到英雄无用武之地而离去。

即使是王石，在他刚刚从具体事务中脱身的时候都很不适应，总是不自觉地去思考总经理角色上的事情，一些小事情都逃不脱他犀利的眼睛。只要他一出声，所有人都赶快忙活。总经理召开的会议，他不去参加不是，去参加也不是。作为当时总经理的姚牧民也担心，董事长如果不来参加的话，到时候会不会有什么想法。

但王石最终还是克服了干预的冲动，甚至管理班子有人向王石提意见，说他太超脱了。对此，王石的看法是，这样做有利于管理班子的成长，不要造成习惯性思维。

而与之相反的是，湖南一家中型民营企业老板许以40万元的年薪加"干股"，费尽力气才通过猎头公司挖到了一个总经理，但谁知几个月后对方却辞职而去。一问原因才知道，那家企业的老板虽然给了丰厚的薪酬，却没有授

授权：你不"浴火"，叫他怎么"重生"？

予他应有的权力，事无巨细，老板都要干涉，最让他头痛的是老板还安排了几个亲戚担任要害部门主管，让他感到英雄无用武之地。

建立起规则至上的文化与体制是甩手前防范风险的必备手段。在民企里，首先破坏规则的通常是企业家本人，如果企业没有建立一种规则至上的文化，那么所有的内控制度都将成为一纸空文。在甩手前，企业家还可以通过自己事无巨细的人治方式防范风险；一旦甩手后，如果接班人也不尊重规则，而自己不可能再事事亲力亲为，监管就形同虚设，威胁企业的发展。万科的王石就曾表示，他的话不算数，只有管理层的决策才算数，所以即使在他甩手后，他培养出来的规则至上的文化一样会制约接班人的作为，避免内部控制的风险。